静下来，一切会更美好

辉浩／著

中国商业出版社

图书在版编目（CIP）数据

静下来，一切会更美好/辉浩著．—北京：中国商业出版社，2018.3

ISBN 978-7-5208-0232-1

Ⅰ．①静… Ⅱ．①辉… Ⅲ．①人生哲学-通俗读物 Ⅳ．①B821-49

中国版本图书馆 CIP 数据核字（2018）第 019475 号

责任编辑：姜丽君

中国商业出版社出版发行

010-63180647 www.c-cbook.com

（100053 北京广安门内报国寺 1 号）

新华书店经销

北京中振源印务有限公司

* * * *

880 毫米×1230 毫米 32 开 9 印张 150 千字

2018 年 9 月第 1 版 2018 年 9 月第 1 次印刷

定价：39.80 元

* * * *

前　言

人生在世，失败、委屈、痛苦、无奈、寂寞等都是成功前必须要经历和承受的。一个静不下来的人，心智肯定是不成熟的；一个能静下来的人，必然能够在大是大非面前不糊涂。面对世间百态，我们压住自己内心的不平、愤怒和躁动，只有在小处忍让，才能在大处获胜。

静下来，一切都美好。古今中外任何一个成大事者，都能平心静气，羽翼未丰的时候，能收敛华美的羽毛，潜心凝聚力量，而后厚积薄发，一飞冲天；有了成就有了地位，仍不失本色，保持赤子之心，不咄咄逼人、不盛气凌人，言行举止得体。不能冷静的人则全然相反，立足未稳就急着彰显自己，功夫不到家就急着与人较量，常犯以弱碰强的低级错误，给别人留下浅薄、幼稚、任性、不知天高地厚的不良印象。

静下来的人，不逞强不好胜，不过分逐利，不蝇营狗苟，积极上进但不急功近利，能够友善的交朋友，但不圆滑世故，任何时候都不随波逐流，活得真实而本色，不仅事业有成而且拥有幸福美好的生活。可惜的是，能做到这点的人寥若晨星。人要是不能冷静，纵有满腹经纶，也没有用武之地，这绝不是危言耸听。

有人说，生活就像西天取经，要想学会七十二变，就必须经历九九八十一难。我们每个人都有自己的理想、愿望和追求，不论是精神上还是物质上的，它们都是我们的一种主观渴求。在实现它们的过程中，常常会和客观现实发生矛盾或冲突，因为我们不可能想要什么，就马上得到什么。不过一旦碰到障碍，就可能造成心理上的挫败感。

于是人们越来越浮躁，越来越焦虑，一方面又担心这一切随时都会失去。一方面憧憬着诗和远方，一方面又不得不面对眼前的苟且。日子总是过得鸡飞狗跳，每一天都在手忙脚乱中开始，在筋疲力尽时结束。明天的太阳会照常剩下，但我们却不知道自己的未来会怎样。

其实，我们不妨想办法让自己静下来，少一些浮躁，多一份情怀，葆有一颗安静笃定的心，在执着奋斗中不断成就人生新的高度。当你静下来，沉下心去，脚踏实地，执着向前，相信一切都会更美好。太重的功利心、太多的欲望，只会让我们的生活变得支离破碎。所有梦想只有在实干中才能实现，这是最朴素的道理。

对生活的变化不必焦虑，要抵御住人生道路上的各种诱惑，保持心中的平静。同时多一份情怀，美好的个人情怀会让你收获丰富而有质感的人生。面对人生路上的荆棘 和坎坷，我们也不必过分担忧。只有做好充分的思想准备，在面对突如其来的困难时，才不至于被它所吓倒，才能把困难化为激励我们奋勇前进的动力。正如奥斯特洛夫斯基所说，“人的生命似洪水在飞跃，不遇岛屿和暗礁，难以激发起锦绣的浪花。”

面对困难，一个积极乐观的人会从中发现成功的方法，而那些只知感叹自己命运不济的人除了诉苦什么也不会得到。只有懂得感谢困难，才会在困难面前鼓起勇气，积极采取方法应对，进而解决摆在面前的难题，走出困境。

困难不但会阻碍一个人的追求，同时也会成为一个人在前进的道路上取之不尽、用之不竭的动力源。在困难面前，越是情绪不稳定，越容易遭遇失败。一个人一旦陷入消极和失败的恶性循环，最好的办法就是将注意力尽快转移，消除内心的痛苦，让自己的情绪尽快平静下来。

在人的一生中，他所获得的成就与他所遭受的困难是成正比的，一个人克服的困难越多，取得的成就会越大。蝴蝶的美丽源于它勇敢的破茧。困难的彼岸就是胜利，咬紧牙关，蹚过这条河，你的人生将会灿烂无比。

目　录

第一章

静下来，心不躁：及时纠正自己的行为偏差

静下来是一种修养，但凡心智健全的人都具备这样的品质。不能冷静不仅体现在情绪和行为上，还体现在心理活动上。想要改变自己的情绪体验，纠正不恰当的行为，必须从心理源头出发，对症下药，有的放矢地纠正自己的行为偏差。从心理学角度分析，不能冷静的原因是极为错综复杂的。

不冷静是因为修养不够

有时候，不能冷静是因为修养不够。内心旷达的人可以做到不以物喜不以己悲，而心胸狭隘、浅薄轻浮的人得意时飞扬跋扈，失意时愤世嫉俗；有雅量有涵养的人从不跟人斗气，而性情毛躁、行为鲁莽的人常因为无关原则的小事，卷入各种各样的争斗；有教养有气度的人，受了委屈，仍能以礼貌的方式回敬别人的无理挑衅，使对方自取其辱，而没教养的人则会以牙还牙、以眼还眼，做出更出格的事情。

静下来是一种修养，但凡心智健全的人都具备这样的品质。古今中外，很多学者、艺术家、新学派的先锋人物在年轻时都有过被讥讽被欺凌的经历，并且承受过各种常人难以想象的压力，可是最终他们都熬过了最艰难的时光，成长为一代大家。可见，唯有心理素质过硬，方能有所造就。

很多时候，左右一个人成败的关键因素，不是实力和才华，而是心理素质和修养。有着超强心理素质，修养良好的人，通常能无往而不利。而心理素养不过关的人；头脑不能冷静，遇事不能冷静，做事莽撞冲动，容易跟外界发生冲突，与环境水火不容，普遍成不了大器。

高辉是一名刚入职不久的业务员，有一天他来到一栋办公大楼做推销，向一家公司的秘书递上了自己的名片，要求面见该公司的董事长。秘书将名片递交给了百忙之中的董事长，董事长连看都没看一眼，就把名片丢了回去。秘书只好把名片原封不动地退还给在门口站立良久的高辉。

换作其他业务员，遇到这种情况，马上就会转身离去。高辉却并没有那么做。他再次把名片递交给了秘书，对对方说："这次董事长没时间见我，不要紧，我下次还会来登门拜访，什么时候董事长能从百忙之中抽出时间，我们什么时候再面谈，这张名片还请董事长留下。"秘书好心奉劝道："你还是不要再浪费时间了，我们董事长是个说一不二的人，他说不想见你，就不会见你，你还是到别家公司看看吧。"

高辉说："还望你把名片交给董事长，什么时候他改变主意了，可以随时联系我。假如董事长确实不想见我，也不要紧，留张名片也不会耽误什么事。""好吧。"秘书见高辉这样坚持，不好意思回绝，接过名片，硬着头皮再次走进了董事长的办公室。董事长头也不抬地翻看着文件，当秘书再次递上名片的时候，他忍不住发了一通火，当即动手把名片撕成了两半，秘书愣住了，她一动不动地站在原地，不知该如何是好。董事长还是不解气，为了进一步羞辱那个难缠的业务员，他从兜里掏出了十块钱，对秘书说："拿这钱给他买一张新名片，算是赔偿给他的损失，让他别再上门了。"

秘书依照吩咐把钱和名片递给了高辉，一脸抱歉地说："真不好意思，董事长很忙，恰巧今天心情又不好，请你不要放在心上。"高辉似乎一点也不介意："请你转告董事长，名片五块钱一张，十块钱能买两张，我还欠他一张。"说完，又掏出了一张名片，递给了秘书。秘书把新的名片递到了董事长面前，把高辉的话一字不漏地传达给了董事长。董事长听罢忍不住笑了起来："这个业务员还挺有意思的，面对羞辱居然能静下来，可见他确实不简单。把他叫来吧，我想好好跟他谈谈。"

秘书客气地把高辉请了进来。董事长见到高辉以后，又产生了新的想法，打算给对方一个下马威，进一步考验一下他，如果他通过了测试，就跟他谈生意签合约，于是便沉下脸来语气生硬地说："我的时间是很宝贵的，有什么话赶快说，限你两分钟之内把话说完，说完了就赶紧离开，别耽误我工作。"说罢吩咐秘书盯着表倒计时。

两分钟的时间不可能把业务谈成，高辉听了这样的答复，马上不能冷静了：“你没有诚意跟我谈话，为什么要把我叫进来呢？只有你的时间宝贵吗？我的时间难道就不珍贵吗？”“谈话到此结束。”董事长很失望，他万万没想到那个年轻人会那么快变脸，忍不住长叹了一口气，随后他挥挥手让秘书将其赶走了。

不能冷静，易被激怒，往往会使有利的局势发生惊天逆转，导致率先出局。然而每个人都有脾气，每个人都有正常的喜怒哀乐，真正要做到静下来又谈何容易呢？被冒犯的时候，多数人都会失去理智，表现得极为过激，有的人甚至会把之前所接受的教育和基本的家庭教养完全抛诸脑后，只想痛痛快快地出口恶气，这就是修养不够的反应。真正有涵养的人知道该怎样与别人化干戈为玉帛，避免陷入冤冤相报的恶性循环，这样的人通常能以德服人，赢得更多的尊重。

我们平时应该注重修身养性，让自己的内心世界强大起来，把自己塑造成百毒不侵的人，这样一来就不会恐惧外面的风雨，不会害怕命运的嘲弄，不会再被世间的是是非非、纷纷扰扰所纠缠，既得自在又得自由，能够平和地享受人生了。

不够沉稳的表现是太自私

有时候，人不能冷静，表现得急躁，是因为太过相信个人主义。在个人利益最大化目标的驱使下，整天盘算着怎样以最小的投入获得最大的产出，怎样用最低的时间成本获得最大的效益。没有耐心去等待，内心无比躁动，哪怕多等一刻钟都会心急如焚，当他意识到达成人生目标花费的时间成本、投入的心血比事先预期得要多很多时，马上就心烦意乱，失去理智，横冲直撞，一路留下凌乱的印记。结果走过的路被时光的潮水一冲，一切都了无痕迹，所有的努力都成了泡影。

如今很多人都陷入了个人主义的沼泽，全都想表现自己、证明自己，在最短的时间内实现个人价值，不是期望着获得更大的权力，就是希望晋升到更高的位置，攫取更多的财富，从不考虑现实因素，也不考虑自身的能力和欲望是否相匹配，心态越来越浮躁，做事越来越不认真，这样的人无论投身到哪个行业，都不可能真正做出一番成就。

骨子里自私的人，缺乏基本的人文情怀，没有更高的追求，只想快速捞金，把赚快钱当成了唯一的目标，为了完成原始资本的积累无所不用其极，很少考虑自己的行为是否正当，是否侵害了他人的合法利益，采取的手段是否符合道德规范，心中没有任何信仰，只有成王败寇的世俗法则，在扭曲价值观的导向下，做出了一系列令人不齿的事情，结果不是倒在了舆论的风口浪尖上，就是倒在了自己挖好的陷阱里，自取其辱，自取其祸，最终落得个身败名裂的可悲下场。

周莉是某知名跨国公司的主管，有着一份十分令人羡慕的工作，拿着令人咋舌的丰厚薪水，开着私家轿车，出入都有司机接送，在人前非常风光。然而她并不知足，一直觊觎着总经理的宝座，谋划着把自己的薪资提升到六位数。苦熬了两年，她终于等来了一个机会，总经理因为做出错误的决策，使公司蒙受了重大损失，马上就要引咎辞职了。

周莉心想，分公司里她资格最老，在销售部、市场部、企划部、行政部都干过，对公司运营的各个环节都十分熟悉，除她之外，没有人有资格顶替总经理的位置。这个职位对她来说就像即将到口的肥肉一样，她不相信自己会吃不到嘴里。她设想得非常美好，可事态并没有向她想象的方向发展。公司总部并没有批准总经理的辞呈，老板说企业现在正是用人之际，可以包容管理者的某些过失，希望总经理能将功补过，把损失的资金帮公司赚回来。接着又宣布了一个惊人的消息，说分公司之间近期要合并，人员结构会做出重大调整。部分中层管理者可能会被调到比较偏远的市区，希望大家提前做好准备。

周莉听到这个消息，心凉了半截，她想总经理的位置没戏了，说不定还会被调到鸟不拉屎的地方去，福利待遇都得削减，世上还有比这更糟糕的事情吗？她绝不能让这样的事情发生，一定要不惜一切手段保留住自己的金饭碗，于是她就动起了歪脑筋。公司最近在研发一种新款的饮品，该项目全权由总经理负责，她想假如总经理把这个项目搞砸，必然会受到处分，即使不被辞退，也会降职，到时自己不就有上位的机会了吗？在研发项目接近尾声的时候，周莉买通了内部人员，悄悄地在新推出的饮品里添加了佐料。

由于宣传工作做得到位，新款饮料打入市场以后，受到了消费者的热捧。老板十分高兴，高调地表扬了总经理。可是没过多久，公司就摊上了官司。有数名消费者声称在饮用完了该款饮料后，肠胃系统出现了严重的不良反应，若不是及时就医后果将不堪设想，事后他们强烈要求公司支付巨额赔偿金。公司还没来得及做公关工作，又出现了大批消费者集体中毒的恶性事件，事情经媒体的曝光以后，影响迅速扩大了，公司的名誉受到了严重影响。

老板慌了，一边派人做紧急公关工作，一边命人快速彻查此事，总经理作为项目的负责人，被扣发了整整半年薪水。周莉对这个处理结果非常不满意，她没想到自己竟白忙了一场，她更没想到的是她的那种卑劣的做法正应验了“偷鸡不成蚀把米”的俗语，调查工作很快就有了结果，所有的证据都把矛头指向了她。

面对老板的指责，周莉痛哭流涕，她声称自己是因为一时糊涂才犯下了大错，希望老板能原谅她，给她一次改过自新的机会。老板说：“你不能为了追求个人的成功就不择手段，你不仅使公司名誉受损，还让总经理平白无故地受了冤枉，更恶劣的是，你伤害了消费者，让那么多无辜的人因为你的贪心付出了健康的代价。”周莉百口莫辩，灰溜溜地离开了公司。被公安部门拘留了一段时间以后，她陷入了身败名裂的境地，之后她再也没有找到工作，只好常年靠摆地摊为生。

自私是万恶之源，贪婪、狡诈、虚伪、钻营等一切恶劣的品质都与自私有关，人世间大多数悲剧和闹剧也都与自私密切相关，一个人的身心如果被自私的毒瘤占据了，就会变得利欲熏心，把损人利己的行为当成一种常规手段，接连做出可怕的事情。虽然我们不是清心寡欲的圣人，但在诱惑面前，一定要静下来，绝不能为了一己私利做出有违道义有悖公德的丑事，以免害人害己，付出超乎想象的高昂代价。

放下自尊，为了明天活得更有尊严

年轻人赤手空拳打拼的时候，除了自尊一无所有。由于没有实力和资历做依托，最后连起码的自尊都无法维系，也许这就是许多菜鸟不能冷静的根本原因吧。人天生就是集情感与理智于一身的矛盾体，当自尊心受到伤害的时候，没有人能做到完全理智，这是人之常情。被啐了一脸唾沫，能微笑擦去的人，一定不是泛泛之辈，他们要么是伟人，要么是智者，要么是韩信、勾践之流，为了日后的事业，甘于含垢忍辱。作为渺小的普通人，我们坚信自身的人格尊严神圣不可侵犯，故而在自尊受到侵犯时，首先想到的就是自卫和反击。

人自从有了自我意识，每时每刻都在拼命探寻自我的价值。谁都希望自身的价值被肯定，自己的需求能够得到充分满足，可是当你置身于广阔的社会中时，希望常常落空。别人没有义务在你能力不强的时候肯定你，也没有义务在你孱弱不堪的时候，给予你任何赞美和期许。俞敏洪说过，你要长成参天大树，才能赢得别人的尊重，人们踩踏了小草，绝不会回身来对脚下的小草说对不起。这是赤裸裸的现实。在世人眼里，你的价值和你创造的价值是等量的，你能为企业为社会创造多大价值，就能赢得多大的尊重，当你一文不值的时候，你的自尊也毫无价值。

在还没有攒足实力之前，你必须得静下来，甘于放下可怜的自尊，然后知耻而后勇，暗暗积蓄力量，以图后起。不能冷静，你失去的不仅仅是自尊，还有美好的明天，日后可能永远都要在潦倒中度过了，到时你拼命维系的自尊也会因为经受不住现实的捶打而迅速解体。今天放下自尊，是为了明天能活得更有尊严，如果这么简单的道理你都看不破，以后还会有什么出息呢？

杨锐在实习期，进入了某个品牌的策划组，参与了一个奢侈品展。在展会上，每个高端品牌的展位两旁都安排了6名衣装整齐的引导人员。他们主要负责招揽客人，吸引更多的人关注相关品牌，安排预约活动等。展位的客流量越大，人气越旺，旁边的引导员得到的报酬越丰厚。

所有的引导员脸上都挂着笑容，个个殷勤地招呼顾客，只有杨锐例外，他面无表情地站在那里，一句话也不说，他心里还在想着早晨被组长批评的事。当天早上，因为赶时间，他没来得及吃早餐，就把早点带到了展会上。组长见了，非常不悦，语气不善地挖苦道："你以为这里是你们学校的食堂啊。"

杨锐从来没被人这样讥讽过，自尊心受到了极大的伤害，当场顶撞了组长几句，并大言不惭地把自己比喻成被埋没的千里马，把组长比喻成不识货的马夫，还流利地背诵了一段韩愈的《马说》："故虽有名马，祇辱于奴隶人之手，骈死于槽枥之间，不以千里称也。""是马也，虽有千里之能，食不饱，力不足，才美不外见。"组长没和他一般见识，叹了口气说："好吧，你争取在展会开始之前把东西吃完，别让客户看见，免得吃相不雅，影响品牌形象。吃饱之后，好好干活，让我看看你是不是真有千里马的才能。"

事情过去了，杨锐心里仍然很不是滋味，以前他从来没挨过骂，更不要说被人夹枪带棒地挖苦了，所以在展会上，他一直闷闷不乐，几乎把所有的客户当成了空气，对谁都爱理不理的。组长见了，马上走过去说："千里马，打起精神来，保持微笑。"杨锐点点头，勉强挤出了一丝笑容，组长一走，他又摆出了冷冰冰的架势。组长来来回回地到展位巡视，发现杨锐状态不对，劝了很多次都无济于事。每次被提醒，杨锐都会象征性地装装样子，坚持不到十分钟又被打回原形了。组长忍无可忍，给他下了最后通牒：要么好好干，要么马上走人。杨锐赌气说："走就走，有什么了不起的。”说完一扭头就离开了。

事后，同事们在聚餐聊天时，提起了杨锐，有人说他好像是某个名牌大学毕业的，众人不相信，认为毕业于名牌大学的高材生不可能素质那么差，组长说杨锐确实是个高材生，并把简历拿给大家看，众人面面相觑，依旧不相信，一度怀疑这份简历是伪造的。组长说：“人家是天之骄子，脸皮薄，自尊心强，心高气傲，听不得一点不中听的话。”众人听完，哦了一声，连连叹息，并不是为公司痛失人才而惋惜，而是在慨叹现在的人才为什么心理承受能力那么差，那么容易伤自尊，为了一点小事就把大好的机会放弃了。

这个世界不相信眼泪，也没有人在乎你的自尊，先干出业绩做出成就，再强调你的心理感受吧。处在人生的起步期，一定要静下来，千万别像玻璃人那样脆弱，被人伤了自尊不要紧，想办法重新把自尊赢回来。谁都有过彷徨迷惘的时期，谁都有过被现实灼伤的时刻，冷静下来仔细想想，其实一切都没有什么大不了，只要你足够努力，终有一雪前耻的机会。被伤自尊未必是一件坏事，这样的负面经历有可能成为鞭策你奋进的力量，把你推向成功的宝座。

跟自己比较，欣赏自己的点滴进步

年轻人不能冷静，心浮气躁，是因为对自身的处境极为失望。看见当年与自己旗鼓相当的人，如今都小有成就，纷纷成了老板、金领、技术精英，反观一下自己，还是一个一文不名的小职员，每天穷忙瞎忙，心理当然不平衡。看到同学们收入可观，房子、车子、票子一样不少，日子越过越滋润，而自己却两手空空、一无所有，必然会觉得自己活得很失败。在无休止的对比和攀比中，越来越失望，越来越不能冷静，整天想着怎么缩小与别人的差距，变得越来越敏感，越来越急功近利。

奋斗了那么久，仍然没有出成果。你可能不再相信窖藏越久的美酒越醇香，只想马上喝到最美的佳酿。你患得患失，生怕别人看低了自己，怕自己要一辈子抬着脸仰视别人。你没有做过引以为傲的事，也没有骄傲的资本，除了失望，什么都没有。你不明白人和人的差距为什么这么大，不明白自己何以屈居人下。看着别人经常旅游观光，喝着红酒品着咖啡，衣冠楚楚地出席各大场合，自己灰头土脸地疲于奔命，买完了面包之后，只剩下一点存粮，不知道这样的日子还要持续多久，何时才是尽头。

你嫉妒，你失望，并把这种情绪带到了工作中，于是开始抱怨老板不能慧眼识才，抱怨公司不曾给过自己更大的平台和更好的发展机遇，抱怨上司不肯提拔自己，抱怨自己没有找到更好的梧桐枝。你的内心失去了平静，经常被一点小事搅得心绪不宁，稍有一点不如意，就摆出“是可忍孰不可忍”的架势，忍不住要把局面搅得天翻地覆。

费诚每次和朋友小聚，都要大吐苦水：“老板对我有偏见，经常对我的工作鸡蛋里挑骨头，不是嫌我字打得太快，就是说我文案写得差，总之，在他眼里，我什么事都做得不好，恨不能马上给我颁发‘最差员工奖’。”朋友说：“你字打得飞快，他应该夸你才是，为什么要挑剔你呢?”费诚说：“老板说，公司招的是文案，不是打字员，我每天只顾匆匆忙忙打字，根本不清楚自己都写了些什么，写出的文案简直就是小学一年级的水平。”

“这话说得可真够刻薄的。这说明老板对你的工作不认可。你觉得老板的话对不对?”朋友又说。费诚不服气地说：“我觉得我的文案已经写得足够好了，虽然文笔算不上一流，但创意十足，连客户都夸我有想法，老板看不到我的价值，问题在他，不在我。”“那你就努力提升一下自己的措辞水平呗，让自己既有绝佳的文笔，又有极好的创意，看老板还有什么话说。”朋友鼓励道。

费城觉得朋友的话有些道理，回去之后开始埋头苦干，花了大量的时间研究措辞，终于有了一点进步。年底，在员工大会上。受到了老板的表扬。可是再次和朋友相聚的时候，他依旧苦着脸。朋友不解地问：“受了表扬，为什么还不高兴?”“口头表扬有什么价值啊，就相当得了一个安慰奖。我的同学，论文笔还不如我呢，现在收入是我的好几倍，房子买了，太太娶了，还生了一对可爱的双胞胎，上个月全家人刚从法国旅游回来，个个满面春风。我呢，工资只涨了几百块而已，连首付都付不起，女朋友天天吵着要跟我分手，真是烦死了。我现在就是一个地地道道的 loser，上次同学集会，被同窗好一顿嘲笑，心里别提有多上火了。”费诚絮絮叨叨地抱怨了一通。

“你不是想要跳槽吧？”朋友试探性地问道。“我已经跳了无数次了，现在摔得鼻青脸肿，实在跳不动了，想暂时停下来歇歇。我真不明白，人和人的差距为什么就那么大呢？别人能找到让自己光芒四射的舞台，我连一个像样的平台都没有，还要天天受气，真是太不公平了。”费诚感慨完了，又戏谑地补充了一句：“我都快变成怨妇了，没办法，谁让咱活得压力山大呢。”

有一天，费诚心烦，休息时间抽起了闷烟。老板见了，马上阻止说：“办公室是无烟区，赶快把烟掐灭。”费诚不听，继续喷云吐雾：“我需要抽烟提提神，加班加了三个小时，连抽口烟都不行吗？”老板说：“在公司里加班的不止你一人，还有其他员工，你难道想要同事们一起吸二手烟？”“不是我让他们吸二手烟，是你让他们吸二手烟。你不让大家加班，我现在正待在家里吸烟，同事们可能正坐在电视机前看肥皂剧。现在这种局面是你造成的，怎么能怪我呢？”费诚不以为然地说。

“你们加班是因为你们效率不高，客户都催了好几次了，你们要是能早点把方案赶出来，今天还用集体加班吗？自己不知道反思，就知道抱怨。”老板又说。费诚不服气，和老板吵了起来。最后老板极为不耐烦地说：“你以后不用加班了，从明天开始，你不用再来公司上班了。”听了这句话，费诚傻眼了。以前他屡次跟老板斗嘴，都不曾蒙受什么损失，现在直接被老板扫地出门了。这份工作虽然不甚理想，但好歹也能糊口，丢掉了这份差事，他真不知道该怎么办。

失望是石子，常能于不经意间掀起内心的阵阵波澜。如果你对自己感到失望，就会对所在的环境深为失望，对周遭的人和事感到失望，忍耐性会无限降低，会变得越发不能冷静，与他人产生纷争的概率就会不断提高。想要调整好心态，办法只有一个，那就是放弃与别人横向比较，只跟自己比较，欣赏自己的点滴进步，一步一个脚印地走向更加美好的明天。

患得患失会导致得不偿失

不能冷静的人普遍瞻前顾后，患得患失，这种现象在心理学上被称之为“瓦伦达心态”。瓦伦达心态是以著名特技表演者瓦伦达命名的，他最擅长的是在几十米的高空如履平地般走钢索，场面险象环生、精彩刺激，既考验人的胆略，又考验人的心理素质，但稍有不慎就会送命。瓦伦达凭借着扎实的功底和冷静超然的态度，创下了一个又一个纪录，赢得了无数赞誉，却在最关键的一场表演中发生了意外，失足从高处坠落，不幸身亡。

事后他的妻子说，她已经预感到瓦伦达这次要出事，因为他上场前非常紧张，不停地强调这次表演太重要了，绝不能失败，正是这种患得患失的心态分散了他的注意力，导致意外发生。

美国斯坦图大学研究表明，瓦伦达心态是经得起科学论证的。在患得患失的情况下，人大脑里恐惧的场景或图像，刺激神经系统，会促使你害怕的事情发生。也就是说，假如你不能冷静，过于患得患失，害怕失败，就会更快地导致失败。比如一个高尔夫球手担心把球打进水里，在击球的时候惴惴不安，那么球就会掉进水里。再比如你太在意自己的仕途，太看重人生的得失，把地位、名利看得过于重要，头脑里装满了杂念，生怕失去到手的利益，无法面对失败，背着很多包袱做事，无法做到心无旁骛，结果往往失败得更快。

贺云毕业以后一直患得患失，她很怕自己找不到足够体面的工作。对不起硕士的头衔，担心被同学嘲笑，更怕将来所赚的工资无法满足自己的日常消费。每次面试她都小心翼翼地回答问题，讲话一板一眼，表情十分拘谨，显得非常不自信，因此错失了很多机会。有一天，她把自己的烦恼告诉了好友杜宇，杜宇没有跟她讲任何大道理，也没有说任何鼓励的话，只是不动声色地讲述了一下自己的真实经历。

一次，杜宇到一家合资企业求职，面试官看了看他的简历，认为他的专业能力不强，不足以胜任所应聘的职务，于是便回绝了他，把他的简历退了回来。他接过了简历，表情有点尴尬，即将离开的时候，他用试探性的口吻对面试官说："能给我留一张名片吗？"面试官见惯了那些软面硬泡喜欢死缠烂打的求职者，对他们殷勤示好的手法一点也不感冒，所以他并没有表态，只是冷冰冰地盯着对方。虽然面试官态度冷淡，杜宇仍然热情不减："我虽然进不了贵公司，不能成为这里的员工，但我想也许我们仍然能成为朋友。"

"你这么想？"面试官狐疑地问。"朋友在相识相知之前，也都是陌生人，如果投缘，陌生人都可以成为朋友。假如你哪天打网球找不到搭档，随时可以找我，我很乐意陪你打球。"杜宇说。面试官的朋友平时都很忙，他想打球的时候确实总是找不到搭档，沉吟了片刻之后，他掏出了名片。此后，两人经常在一块打球，成了无话不谈的好朋友。在这位面试官的推荐下，杜宇很快就找到了工作。

有一天面试官问杜宇："我真不明白当初你是怎么想的。你只是一个求职者，凭什么要求成为我的球友，你不觉得你的要求很过分吗？"杜宇说："不凭什么，我只想跟你交个朋友而已，人与人之间是平等的，为什么我们就不能成为朋友呢？身份、地位、财富、家世对我来说没有任何意义。我不会用它们来衡量自己和别人。"面试官笑了："你真是太天真了，假如当初我对你不理不睬或者说一些难听的话，你怎么收拾局面，怎么下台？"

"失败并不可怕，可怕的是遭受挫败后那种丢脸尴尬的感觉。很多人患得患失，就是因为怕丢脸或者是害怕失去自己认为重要的某些东西。

其实只要抛开这些私心杂念，专注于自己想干的事情，失败的概率就会降低很多。害怕失败，害怕失去，心理负担太重，往往会更快地走向败局。”

杜宇讲完了自己的故事，然后对贺云说：“不要把追求的东西看得太重了，把心放开，什么都别想，怀揣着一颗平常心做事，努力发挥自己的最高水平，剩下的交给老天好了。”贺云豁然开朗，以后参加面试的时候，不再胡思乱想，无论遇到什么场面都能安之若素，在面试官面前目光坦然，对答如流，赢得了对方的好感和赞许，没过多久，她就被一家实力雄厚的大公司录取了。

人之所以不能冷静，就是因为没有成功战胜自己的心魔，害怕失去机遇，害怕利益受损，害怕失败，害怕不能出人头地，考虑得太多了，大脑的能量被耗尽了，就没有心力应付眼下的各种挑战了。那么究竟该怎样战胜心魔呢？乔布斯给出了答案，他说秘诀就在于专注和简单。他认为生命随时都有可能戛然而止，名誉、雄心、期望以及对失败的深深恐惧都会随着生命的消逝而灰飞烟灭，所以不必患得患失，不必伤感失落，要像新生儿一样怀揣着赤子之心，用好奇的眼光打量这个世界，不妄自揣测，不武断，不贪婪，不强求，专心致志地做事，这样就能做成了不起的事情。

的确，如果我们思想足够纯粹简单，不曾被功利裹挟，不以成败论英雄，不计较拥有和失去，不苛求一个百分百圆满的结局，能够做到得之坦然，失之淡然，这样反而能挥洒自如，得到更多的惊喜和报偿。

世界本来就不公平，习惯去接受它吧

世界是公平的还是不公平的？关于这个话题显然是仁者见仁智者见智。乐观者认为世界是相对公平的，只要自己肯付出肯努力，就能改变命运改变人生。但鲤鱼跳龙门的奇迹不常有，更多的人发现由于不公平不合理的现象广泛存在，努力未必会有收获，心中不免愤然，这就是人们在日常生活中总是不能冷静的重要原因之一。愤慨于生活的不公，却又无能为力、无可奈何，内心积怨太深，身上聚集了太多的负能量，找不到排遣和发泄的途径，故而要么张扬要么癫狂，变得冲动易怒，以讨债者的心态来对待每一个人。故脾气火爆，缺乏宽容心，愤世嫉妒的人越来越多，人与人之间的冲突也越来越多。

客观来说，世界是不公平的。比尔·盖茨曾经说过：“这个世界本身就是不公平的，习惯去接受它吧。”俞敏洪说：“人生而不平等，无往不在打破我们生命的枷锁之中。”接受世界不公这一基本事实，努力打破生命的枷锁，才是改变生存质量的根本之道。可是在现实生活中，人们更加热衷于抱怨，而不是着手解决问题。

有的人感叹人和人的起点差距太大，某些生而优越的人，刚起步脚下就展现出一条金光大道，自己苦苦打拼了十多年，仍不能和对方坐在一起喝咖啡；有的人认为资源在空间上分配是不公的，优势资源永远聚集在发达地区，在马太效应的影响下，发达的地区会越来越富庶发达，而落后地区无论怎么奋起直追，都不可能迎头赶上；还有的人说生活在人情社会，无论是就业、升迁还是评先奖优，到处都有人情力量的干预，像老黄牛勤勤恳恳、尽职尽责的劳动者，并没有受到应有的重视。

人类自身并不完美，社会就是由我们这些不完美的人组成的，绝对公平的秩序是很难建立起来的。有人的地方就有江湖，就有不公平的现象。这些现象很难从根本上消除，我们没有必要过于纠结和愤慨，而要努力在不公平的环境下，努力发展自己，真正强大起来以后，争取多多传播正能量，为实现社会的公平和正义尽自己的一份绵薄之力。如果没有能力打破命运的枷锁，也要静下来，不能过于愤世嫉俗，正所谓“穷则独善其身，达则兼济天下”，开开心心地做一个普通人，学会善待自己，善待别人，这样做要比与世界为敌、与他人为敌明智得多。如果你不能克服消极情绪，整日怨天尤人，对周围的人充满了敌意，不仅不利于改变自身的处境，还会使自己的境况越来越糟糕。

阎平是一个愤世嫉俗的青年，表面上他对领导非常顺从服从，内心却充满了怨恨。他对同事的态度一向是冷冰冰的，整天拉着一张长脸，仿佛所有的人都欠了他二百块钱一样。作为一个从乡村走出来的贫困大学生，阎平一路历尽艰辛，他怀揣着梦想来到大都市发展，原本以为可以靠自己的智慧和双手改变命运，没想到苦苦打拼了十年，他仍然没有缩小与周围人的差距，为此，他心里一直愤愤不平。

阎平的上司荆鹏是老板的独生子，正在试着练手，再过几年就能接管家族企业了。阎平认为荆鹏样样比不上自己，只是因为命好就成了自己的顶头上司，以后还有可能成为自己的老板，真是太不公平了。荆鹏毕业的学校远不如阎平就读的高等学府有名，论资历论经验，荆鹏尚显稚嫩，根本就赶不上阎平。每次抉择的时候，荆鹏心里都没底，不知道该怎么做，要不是阎平想出了很多有建设性的建议，许多工作都没法顺利开展。阎平虽然为公司做了不少事，也帮了荆鹏不少忙，但荆鹏一点也不感激他，荆鹏觉得这一切都是天经地义的，平日里总是对他指手画脚，下命令时总是一副颐指气使的样子，阎平敢怒不敢言，心里积满了怨气，他由痛恨荆鹏，痛恨这家企业，发展到痛恨公司里的每一个人，痛恨人类社会，痛恨整个世界。除了愤恨之外，他几乎就没有别的情感了。

其实公司里的不少人是很同情阎平的，荆鹏为难他的时候，常有人站出来替他说话，但阎平从来不知感激，无论对谁都不友好。荆鹏虽然没有什么大本事，但却极为刚愎自用，看谁顺眼就重用谁，多给谁分发奖金，看着不顺眼的即使功劳再大，也不予理会。阎平意识到照这样下去，他永远都不会有出头之日，思来想去，最后决定辞职。

换了一家企业工作，阎平的境况仍然没有得到改善，他发现公司的绩效考核制度非常不合理，领导在分配工作任务的时候也很不公平，有的人长期从事最简单的基础工作，只要考核过关，就能拿到不少奖金，而工作能力强的人从事的都是复杂的高难度工作，考核常常不过关，拿不到奖金是常有的事。阎平觉得无论走到哪里都能遇到不公平的事情，心里越想越气，火气越来越大，动辄就和同事吵架，屡屡顶撞上司，在公司待了不到半年时间，就被扫地出门了。

公平是人类追求的终极理想，它不可能马上变成现实。这个世界不可能赋予每个生命体完全同等的空间和权利，不妨用冷峻的眼光打量一下我们生存的这个蓝色星球，你会发现不公平是一种常态，生长在热带雨林里的树木，拥有得天独厚的环境，可以轻而易举地长出亭亭华盖的风姿，扎根在沙漠里的植物就远没有那么幸运了，它们不仅要接受烈日的炙烤、风沙的侵袭，还要忍受干渴的滋味，面对这种情况该怎么办呢？难道天天抱怨上帝厚此薄彼吗？

抱怨有什么用，愤恨又有什么用呢？它们没有那么细腻的情感和复杂的思想，所以非常静得下来，喝不到水，就把根系伸到更深的土层里，为了减少消耗，叶片进化到了针尖大小，最终它们征服了恶劣的环境，在不公的世界里顽强活了下来，并且尽最大的努力，为那片荒凉的不毛之地贡献出了自己的一点绿意。一株植物尚能如此，我们人类为什么就不能呢?

要明白自由是有边界的

进入社会大熔炉，意味着要面临种种严峻的考验，需要掌握的本领很多，学习的内容很多，首先要学会的就是静下来。年轻人普遍不能冷静，主要原因在于，他们比较自我，向往无拘无束的自由，容不得限制，听不进批评，内心太过敏感脆弱，不能在短时间内完成角色的转换。

刚刚参加工作的年轻人普遍感到不适应，他们总是满腹委屈，经常大吐口水："起得比鸡早，干得比驴多，吃得比猪差，睡得比狗晚，身体仿佛被掏空，心情也很不好，见了老板就像老鼠见了猫，总有一种想逃离的冲动，见了同事无论高兴不高兴都得满脸堆笑，可是笑脸迎人未必能换来一团和气。受到的批评永远比赞美多，累死累活加班得不到一声肯定，出了问题，第一个被揪出来背黑锅，这种暗无天日的日子怎么还能忍下去？"其实在抱怨的背后，反映的是他们的天性受到压制，精神自由受到约束之后，内心深处产生的莫名的失落感和不安感。

从闲散的大学生变成朝九晚五的上班族，每天至少要工作八小时，有时还要加班，他们自然感到很辛苦。这些唱着："我就是我，颜色不一样的焰火。""原谅我这一生放纵不羁爱自由。"的年轻一代，一旦失去了自主安排时间的权利，工作期间还要循规蹈矩，一板一眼地完成任务，不断地被打击被否定，自然有些吃不消，所以对批评指责以及周围不友好的表示极为敏感，只要稍有不如意，就不能冷静了，完全失去了理性的控制，动辄破罐子破摔，或者负气裸辞。

很多人认为当代的年轻人普遍叛逆慵懒，缺乏责任感，不服管制，种种行径让人难以理解。关于这一特点，从各种奇葩的辞职信中可见一斑，比如“天太冷，太懒，起不了床”“回家炒股”“没休息够”“纯粹想走”等各种奇葩的理由层出不穷。表面看来，辞职信的内容体现的是一种玩世不恭的精神，其实戏谑口吻的背后反映的是年轻一代对工作的逃避。他们为什么这么不能冷静，出现一点水土不服的反应，就想落荒而逃呢？这是因为人在天性上是趋乐避苦的，当一个人感到不快乐不自由的时候，心情会无比灰暗压抑，第一反应就是迅速逃离令自己不舒服不愉快的环境。

从心理学角度讲，每个新人，在完成角色蜕变转换时，都要经历一场阵痛，这是一个必经阶段。当这个阶段结束后，他们的心智会变得更加成熟，对社会规则会产生更加客观的看法，随后会重新评估自己的所作所为，重新界定自由的含义。这是一个破茧成蝶的过程，中间伴随着挣扎与痛苦，有的人顺利渡过了难关，从格格不入的菜鸟蜕变成了成熟干练的白骨精，有的人始终徘徊在边缘地带，无法融入主流，最终沦为了愤世嫉俗的失败者。

袁梅过完春节长假以后，毅然决然地向公司递交了辞职报告，快速办理完了工作上的交接手续，匆匆忙忙地离开了深圳，回到了青岛老家。提起半年的工作经历，袁梅满肚子苦水：“别提了，我过得简直不是人过的日子，每天早上六点半就得急急忙忙挤地铁，一路风尘仆仆地赶到公司，迟到了五分钟，被领导当着全体同事的面一顿猛批。整个上午心情都不好，有些精神恍惚，一不小心把一组数据录错了，这下可好，又一次被领导揪住了小辫子，又一场批斗大会开始了。”

同学李浩听了，不但不同情她，反而觉得她太矫情了：“这算什么呀，遇到这点小事就辞职。你看看我，每天工作超过十个小时，经常性地义务加班，收入比饭店里刷碗的大妈还要低好几百块，穷得连泡面都快吃不起了，现在还不是照样傻傻的闷头干。”

袁梅说：“工资低，我能接受，毕竟自己刚刚毕业，不能为企业创造太大价值。我辞职不是因为待遇差，而是因为觉得自己活得太累太辛苦，一点也不开心，每天压力都好大，早晨醒来的时候，觉得整个天空都是灰暗的，我实在不想再继续这样生活下去了。”

李浩说：“你所经受的这些只是一场考验而已，你不能就这样轻易放弃。我刚来公司上班的时候，情况比你糟得多。我每次把事情搞砸都会受到猛烈的批判，经常被骂得狗血喷头，有时老板还会揪着我的领带，怒目圆睁地跟我讲话，我能怎么办？只能用阿 Q 胜利法自我安慰了，把老板想象成李逵或张飞，这样就不感到胆寒了，反倒觉得他的表情非常好笑。有时候我想，如果自己能够有家公司就好了，可以自由支配时间，想干什么就干什么，不再受管束，也不用看任何人的脸色，可是这个梦想对我来说，就像天边的星辰一样遥不可及，梦碎之后，我还是要面对现实，我唯一能做的是尽量少犯错误，尽快适应环境，早点摆脱菜鸟的角色。”

袁梅听完这番感慨，不禁感叹道：“你现在和以前不一样了，比以前成熟多了，看来你没有白吃苦，不像我只知道发牢骚抱怨。”李浩说：“人是会变的，只要你咬牙挺过去，就能破茧成蝶。”袁梅陷入了深思，决定下一份工作一定坚持得久一点，以后不会负气裸辞了。

经历种种挫折之后，稚嫩的菜鸟终会发现，自由是有边界的，成长是要付出代价的，人生不是一场随心所欲的旅行，道路上铺满了荆棘，自己若是不够勇敢，不够坚定，就会寸步难行，为了走得更久更远，他们会自行调整自己的状态，突破各种心理障碍，直到学会适应职场和社会。

行事冲动叛逆，会输得很惨

很多年轻人喜欢根据自己的直觉好恶做判断，只要感觉不喜欢，就不假思索地坚决反对，把青春期的叛逆延续到了职场，不惜以卵击石，跟强势群体死磕，摔打得伤痕累累，输得一败涂地，依旧不肯回头。那么这些年轻人为什么如此不理智，如此不能冷静呢？从心理学角度讲，主要是因为中了逆反情绪的毒。行事冲动叛逆，遇事不能冷静的年轻人，大都有强烈的逆反情绪。

其实不光初出茅庐的年轻人存在逆反情绪，在社会上摸爬滚打数年的“白骨精”也有被逆反情绪绑架的时候。不知你是否有过这样的感觉：忽然之间对熟悉的一切都厌倦了，看什么都不顺眼，讨厌别人用高分贝的音量跟自己讲话，不想再赔着小心做人，对任务分配有意见心中暗暗腹诽，按捺不住自己的情绪。稍不小心就有可能跟周同的人擦枪走火。被前辈或上级压制的时候，更是怒从心头起，恨向胆边生，随时准备以卵击石，表情、语气、姿态显得非常不屑，似乎对什么都不在乎，一切都无所谓，不管付出任何代价，都要让对方感觉到自己的气场，势必要把积蓄已久的不满以歇斯底里的方式全部发泄出去。

如果你有过类似的表现，说明你的心智还未完全成熟，你不明白桀骜不驯是要付出代价的，以卵击石是一种看似悲壮实则愚蠢的举动。日本作家村上春树曾经发表过一段非常感性的言论，他说：“以卵击石，在高大坚硬的墙和鸡蛋之间，我永远站在鸡蛋那方。无论高墙是多么正确，鸡蛋是多么错误，我永远站在鸡蛋这边。”碎掉的鸡蛋总是令人同情，因为它处在弱势一方，敢以脆弱之躯与坚硬的高墙碰撞，的确需要勇气，但这样的举动未必是正确的。但凡静下来的人，都不会做出类似的选择。

蒋妍是一个非常叛逆的女孩，平时最讨厌条条框框的约束和一成不变的规则，更加讨厌公司从上到下等级森严的层级关系。她用怀疑的眼光来审视一切，看什么都不顺眼。公司的一些举措，有利有弊，既有正面的影响，也有负面的影响，她只能看到负面的东西，极其不认可公司高层推行的政策。

公司近期制定了高温费的标准，不仅提高了额度，还免费为全体员工发放解暑饮料，大家的福利增加了，都很高兴。蒋妍却拉着长脸抱怨道：这点小恩小惠算什么？领导这么做不就是为了让我们夏天少打盹，工作效率尽可能地提高点吗？回头还不知要给我们增添多少工作任务，增加多少工作量呢！”“你怎么总是曲解上级的好意啊？公司难得这么大方，大家都挺高兴的，你为什么非要说丧气话呢？”同事不理解地问道。

蒋妍撇撇嘴说：“好不容易公司大方一回，依旧显得那么小气，你们也不看看别的公司都有什么福利，咱们公司这点福利算什么？”由于她总爱挑毛病，看法非常偏颇，在公司里几乎找不到志同道合的朋友，慢慢地就她被孤立了起来。

蒋妍不仅不能跟同事打成一片，跟上司闹得也很僵。有一天，别的同事都很忙，只有蒋妍暂时没有工作任务，处于清闲的状态，上司于是吩咐她给大家分发饮料，孰料竟遭到了她强烈的抵制。“为什么要让我做工作以外的事？凭什么让我伺候全体员工？我又不是你们请来的保姆，凭什么给你们发饮料？你们渴了，自己不会从冰箱里取吗？干吗要让我代劳？”

“这点小事有什么可计较的，不过是举手之劳而已，你没看见吗？大家都在忙，只有你没事做，为大家服务一次又怎么了，有什么好抱怨的？”上司不满地说。“让我付出额外的劳动，公司付钱吗？天下没有免费的午餐，也没有免费的劳动，千万别把我当义工使唤，我可不是当代的活雷锋。”蒋妍振振有词地说。上司懒得再跟她理论了，当场宣布：“蒋妍，以后你的午餐福利取消。”

“凭什么？”蒋妍急躁地嚷道。“你刚才不是说‘天下没有免费的午餐’吗？公司为你提供的午餐是免费的，既然你不相信世上有这样的事情，那么以后就按照你的意思来办吧，要么你付费吃公司提供的午餐，要么自己到外面购买午餐。”上司解释道。“你这么做分明是因为看我不顺眼，我跟你辩白了几句，你就随意削减我的福利，不按照公司章程办事，真是太过分了。”蒋妍气呼呼地说。

“你也知道公司有章程啊，你平时不是最喜欢逆着章程办事吗？我真怀疑，你像魏延一样，脑后长了反骨，不过这么说也算高抬你了，你虽有反骨，但却没有魏延的将才。”上司挖苦道。“你这分明是在羞辱人。”蒋妍气得眼泪都快出来了，随后赌气说：“本姑娘不干了，不会继续在你手底下受这冤枉气。”说完，她龙飞凤舞地写了辞职信，大步流星地离开了公司。之后，她连续换了好几家公司，经常因为跟上司、同事发生口角而负气出走，到了年底，她依然没有找到一份稳定的工作。

不要迷恋挑战权威的快感，不要充当搅乱秩序的叛逆者，你所做的事情并不具备任何正当性，你之所以跟秩序、规则以及规则的缔造者过不去，不是因为周围的人或事物有多么令人难以忍受，而是因为在逆反心理的操纵下，你在情绪上抵触周遭的一切，心理莫名不平衡，不想合作，只想与人作对，你必须及早改变这种状态，否则未来的路会越走越窄。

有阅历才有智慧的累积

一个人由青涩走向成熟，是一场心灵的修行，每个成长阶段都要经历不同的事情，从完成学业到择业就业，再到成家立业，养育子女等等，随着岁月的打磨、阅历的累积，你会渐渐地褪去尖锐的棱角，收敛灼人的锋芒，变得平和、恬淡、稳重，富有责任感。这是一个自然而然、水到渠成的过程。年轻人不能冷静，个性张扬，倔强莽撞，急躁冒进，主要是因为他们在心理上尚未成熟，从某种程度上说，他们还是稚气未脱的大孩子，缺乏阅历，未经历磨砺，没有品尝过生活的苦辣酸甜，不知世事艰辛，人生没有厚度，所以难免会给人留下年少轻狂的印象。

静下来，并不意味着少年老成，它指的是随着履历的增加，智慧与日俱增，心智日趋成熟，它需要时光的打磨和自身的修炼。年轻人荷尔蒙分泌旺盛，精力正处在人生的鼎盛时期，热血在胸中澎湃，有一种初生牛犊不怕虎的胆识和豪情，做事往往比较冲动，等到经历了迷途，碰了无数的钉子，犯下了一系列错误，就会学会反思，慢慢觉醒，逐渐将心态调整好。不要期望一个涉世未深的黄口小儿不浮躁不张狂，天生就具有豁达的心境和从容笃定的心理品质，因为那是违反自然的。人只有经历多了，体验多了，有了底蕴有了思想，才能拥有成熟的见解、过人的智慧以及令人折服的美好品质。

姜容毕业之后，发现了一种奇特的现象，国内很多公司的老板都只有初中或高中的学历，有些主管没有接受过高等教育，只有中专文凭，但大多数基层职员都有大专或本科学历，其中不乏研究生，他不明白这是为什么。他认为任何一个组织机构都有三个层级，第一层级的人是能统筹全局的大人物，具有战略性眼光和思维；第二层级的人是头号人物的左膀右臂，起到的是辅佐的作用；第三层级的人就是一群勤快的笨蛋，只懂得执行和傻干，非常务实却没有什么大本领。

姜容觉得自己目前就处在第三层级上，一些研究生和博士生也处在这个位置上，但是那些知识结构不完整，文化程度不高的小老板和中层管理者却处在上层位置。姜容很不服气，平时经常顶撞上级、顶撞老板，对老员工的态度也很不客气，他心中暗想：你们凭什么指挥我，我的能力和学识远强于你们，你们只不过是运气好跑到了我的前面，我要是早踏入社会几年，成就早就超过你们了。

由于姜容棱角太过鲜明，过于恃才傲物，入职没多久就把公司里的人得罪了大半，公司上下纷纷向老板反映，新来的年轻人桀骜不驯、目中无人，个性过于张狂。老板特地找了一个时间跟姜容长谈了一次。

“你觉得公司上下，包括我在内，没有一个人比得上你对吧?”老板开门见山地问。姜容被说中了心事，不知该怎么回答才好。“那你有没有想过，既然你比谁都有本事，为什么我能成为你的老板，而别人能成为你的直属上司呢?”老板又问。姜容沉吟了一会儿，回答说：“那是因为你们奋斗了很多年，而我刚刚开始。”“我们踏入社会比你早，社会经验比你丰富，这点你终归是承认的吧。”老板说。姜容点了点头。紧接着，老板向他讲述了自己白手起家创业的经历。

他自幼家境贫寒，父母靠卖街头小吃维持生计。每天天色刚刚破晓，就得早早起床，到大街上摆摊叫卖，无论严寒酷暑、刮风下雨，日日如此。他不忍心父母如此辛苦，没念完高中就辍学了，之后当过搬运工、汽车维修工、货车司机，干过推销，也尝试着自己做小买卖，那时很年轻，虽然没有什么资本，但是有一双勤劳的双手，肯吃苦，满脑子都是高大上的理想，打拼多年以后，终于赚来了人生第一桶金，后来慢慢有了自己的事业。他觉得成功无他，只要低调一些，乐于踏踏实实地努力，付出就会有回报，人不能太过狂傲，别人站得比你高自然看得比你远，身上自然有过人之处。

讲完了自己的故事，老板又让姜容谈谈自己的人生经历以及对生活的体会。姜容觉得无话可说，他的阅历太浅薄了，顺风顺水地完成了学业，轻轻松松地找到了工作，不知道什么叫做艰辛，所以对唾手可得的东西不知道珍惜，莫名其妙地瞧不起别人，总觉得自己实力更强。“我的经历乏善可陈，在这方面我确实不能跟你相提并论，你能一手创下家业，凭借自己的本事冲出逆境，身上一定有过人之处，这一点我自叹不如。”经过这番谈话之后，姜容改变了处事态度，为人不再那么高调了，变得平和内敛了许多。

人生的智慧是从生活的阅历和经验中获得的，它不能从书本和课堂中习得。仔细观察你会发现，一个饱经沧桑的市井百姓，对人生和社会的看法，要比一个学识渊博、不谙世事的高学历人才要深刻得多。可见阅历本身就能改变人和造就人，如果你想要摆脱乳臭未干的稚嫩形象，想要变得沉稳老练起来，那就请多让自己接受一些磨砺吧，正所谓“宝剑锋从磨砺出”，受得住千锤万凿的历练，方能步入成熟，拥有世事洞明的慧眼和平和淡然的心境，处理事情更加游刃有余，人情练达方面更加老道，活得更加从容洒脱。

不要追逐虚荣，忽略内在修炼

每个人或多或少都有一点虚荣心，都想有体面的身份，漂亮的衣装，闪亮的头衔，资深的背景，在人前显贵，在人后手捧，无论走到哪里都风风光光。正是因为虚荣心作祟，现代人才越发不能冷静，不是陷入了毫无意义的攀比式竞赛，就是为了面子问题忙前忙后，不能静下心来一丝不苟地把该做的事情做好。故而争了脸面，满足了虚荣心，浪费了大量的时间和金钱，没有把有限的精力投放到实处，技术不见精进，智慧不见增长，能耐乏善可陈，渐渐变成了金玉其外败絮其中的伪精英，慢慢地退出了人生的舞台。

由于受到虚荣心理的戕害，功败垂成的例子比比皆是。比如知名教授为了让自己的论文登上权威杂志，违背学术精神，偷偷剽窃他人的劳动成果，事件曝光后在学术界失去了一席之地；再比如某些名人为了粉饰自己的形象伪造学历，谎言被戳穿后，公信力直线下降。又比如都市男女将大把大把的好时光消耗在了比拼式消费上，荒废了学业，耽误了正途，走上了一条极其错误的发展道路。

章菁是一个非常爱慕虚荣的女孩，身上的每一件衣服都是名牌，饰品搭配全都是最新最潮款，肩上背的皮包是限量版，她认为这身装束和打扮能为自己增分不少，不仅能换来非常高的回头率，还能让所有人高看自己几分。每次见客户，她都会花大量时间搭配服装，挑选背包、饰品，致力于把自己装扮得贵气高雅。她还想好了一大堆话术来包装自己，含沙射影地凸显自己的不俗品味。她的同事把大部分时间和精力都花在了熟悉产品知识上，有的人还花了不少心思研究客户的信息。章菁则不同，她会直接把相关资料丢给客户，让客户自己阅读，见了客户之后，便有一搭没一搭地陪对方聊天，对方是女士，就聊皮包、香水以及最高端的美容产品，对方是男士，就聊跑车、手表以及高尔夫之类的贵族运动。靠着这种方法，她跟不少客户成了谈得来的朋友，但业绩始终上不去。

有位同事实在看不下去了，好心提醒道："拜托，我们是卖空气净化器的，又不是卖奢侈品的，跟客户谈业务的时候，你不要再跑题了好不好。你这样做不是在为他人作嫁衣吗？客户对奢侈品牌产生兴趣，会到相关厂家那里购买，根本不会买我们的空气净化器。真不知道你到底是怎么想的。"

"难道你没发现，客户对我说的话题很感兴趣吗？这说明我们很投机，只要聊的投机，东西自然而然就卖出去了。"章菁认为自己的工作套路没有任何问题，"你知不知道什么叫放长线钓大鱼，别看现在他们没购买空气净化器，等到和我熟络了，只要我随便开口讲两句话，他们就会上赶着来买产品，你信不信？"

同事摇了摇头："我觉得你想得太乐观了。你最好还是多熟悉熟悉产品知识，提高一下自己的业务能力，多揣摩一下顾客心理，踏踏实实地干点实事吧。"章菁不以为然地说："那种方法太老套太传统了，只能小打小闹，根本干不成大事。你应该改换思想，换个发型换种打扮，别老穿土气的工作服，免得在尊贵的客户面前矮人一头，一定要在气场上占据优势，完全把对方震慑住，这样才能牵着他们的鼻子走。"

同事说："你太在乎表面的包装了，包装再好，也没有实体重要，想要把工作干好，必须有真才实学和实干精神。"章菁觉得话不投机半句多，不再和同事理论了。她精心地描画了妆容之后，开开心心地去见客户了。她试探性地向客户提出了购买空气净化器的要求，客户当场愣住了："原来你是卖空气净化器的呀，我一直以为你是做奢侈品代理的呢。

我对空气净化器一无所知，你给我讲讲吧。”章菁指着桌上的资料说：“都在上面呢，你自己看吧，内容那么多，又拗口，我实在背不下来。”

“你言简意赅地介绍一下就行了，不用像背书那样正式。”客户说。“说实在的，那东西我也不太了解。”章菁有点不好意思地说，“咱们已经那么熟了，如果你信得过我，就买一台放在家里用用看。”“我可不想当实验室里的小白鼠啊，你都不了解的东西，我怎么能随便购买呢。”客户委婉地拒绝了她。章菁这才明白自己的套路是错误的，随即从桌上拿起产品资料，低下头认认真真地钻研了起来。

虚荣心超强的人，大都不能冷静。但凡能静下来的，都不会热衷于追逐虚荣的泡沫，更不会被虚荣左右自己的人生。只有定力不强的人，才会被虚荣心蛊惑，追求本末倒置，使自己的人生完全走了样。虚荣是一种原罪，表面上它能让你活得更光鲜更滋润，督促你快速成长，实际上它一直在拖你后腿，无形中把你塑造成了一个外强中干的人，你若是甩不掉虚荣的包袱，就有可能止步不前，永远都不能突破自我设置的障碍，取得长足的进步。

第二章

静下来，宽容人：要修炼自己的心智

生活在一个多元化社会，你必须有一个开放的心态，能够包容不同的价值观和工作生活方式，关键时刻要静下来，最好不要跟任何人大动干戈，无论彼此是否气味相投，都要配合他人的工作，不能为了自己的私心，阻碍整体目标的实现。正所谓“物以类聚，人与群分”“人各有志”，与人交往，不要苛求别人，也不要强求自己，切记随缘随性就好。

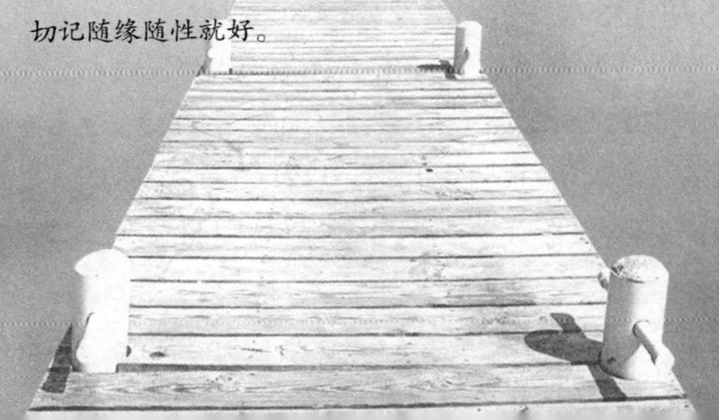

努力修炼自己的心智

虽然生活在同一片星空下，呼吸着同样的空气，但人与人之间脾气秉性各异，心与心之间存在着一定的隔阂与距离。当你步入社会以后会发现，在这个世界上，总有一些人，没理由地喜欢你亲近你，也总有一些人人莫名其妙地讨厌你，有意无意地疏远你。有的人对你不屑一顾，有的人对你存有很深的偏见，有的人无缘无故地看你不顺眼，处处与你为难，面对这种情况该怎么办呢？

答案很简单，静下来，别慌张，也别太难过，把关注点放在喜欢你欣赏你的人身上，允许有一部分人讨厌你。每个人身上都有可取之处，也都有不那么招人喜爱的地方，世上没有一个人能让所有人喜欢，就连名人伟人也不例外。不必为了刻意讨好某个人而大刀阔斧地修正自己，要知道即使你把自己搞得面目全非，讨厌你的人仍然有一万个理由讨厌你。同样一种特质，在某些人看来，是不可多得的优点，在另一群人看来，则有可能是无法容忍的缺点，比如你爱说爱笑，有的人觉得你活泼可爱，有的人嫌你聒噪；你沉静内敛，有的人觉得你温文尔雅，有的人则认为你沉闷无趣。

人的评价标准各异，喜好迥然不同，在某些问题上永远无法达成共识，这是非常正常的事，你不必太过挂怀。人与人的关系是很微妙的，互相之间的感觉也是很微妙的，彼此之间似乎存在着一种看不见的能量场，所以才会两两相吸或两两相斥，成为志同道合的朋友或老死不相往来的陌路人。人们常犯一种错误，就是总想让讨厌自己的人改变看法，接纳自己，或者跟磁场不合的人结为朋友。一旦发现有人不喜欢自己，马上不能冷静了，或是生气，或是郁闷，或是想方设法讨好对方，希望自己殷勤地致意能换来对方一点点肯定和一点点善意，结果发现一切都是徒劳。

可见把关注点放在讨厌你的人身上，你将永远生活在愤懑和烦恼中，一辈子不得安宁。最明智的做法是把这些人当成路人甲，井水不犯河水即可，若是天天要见面，双方存在合作关系，那么表面上过得去即可。如果对方处处刁难，你可以据理力争，但千万不能闹到鱼死网破的地步，要本着以和为贵的原则，尽可能化干戈为玉帛。如果对方无理取闹且有过激行为，不能毫无原则地妥协退让，要学会以更智慧的方式维护自己的正当权益。

宋葭是个性情温和的女孩，没有什么脾气，和大多数人都很谈得来，称得上是一个标准的老好人。大部分同事都挺喜欢她的，只有江惠例外。江惠是公司里的大红人，人长得漂亮，嘴巴很甜，处事八面玲珑，业务能力又强，很受老板的器重。她和公司里大多数同事都相处得不错，至少表面如此，可是不知什么原因，从宋葭入职的第一天起，她就打心底不喜欢这个温良恭俭的女孩。

江惠虽然莫名其妙地讨厌宋葭，但她并没有马上表露出明显的恶意。当她得知宋葭的住处离公司很远，每天通勤往返都要花费三个小时以上的时间，便主动把自己租住的套房的次卧转租给了宋葭。宋葭以为她是出自好意，不假思索地搬了进去。没想到，不到一个月，江惠就暴露出刻薄的本性，开始把宋葭当佣人使唤，宋葭不仅包揽了所有家务，还要时不时地到洗衣店里给江惠取衣物。每天忙前忙后，江惠仍不满意，总能鸡蛋里挑骨头，从宋葭身上挑出毛病来。

宋葭起初还能勉强忍受，后来实在忍不下去了，她已经发觉江惠是在故意刁难她，索性跟对方摊牌了："你是不是看我不顺眼？"江惠不置可否。宋葭难过地说："我们俩是同事，又是室友，低头不见抬头见，本来应该和睦相处，彼此弄得太僵不好。你觉得我哪里不好，我可以改。”江惠从鼻子里闷哼了一声：“我觉得你从头到脚都不好，你能回炉再造吗?”“既然这样，那我搬出去住吧，免得你看着碍眼，我住得也不舒心。”宋葭说完，便开始忙着收拾东西。

江惠提高嗓门说：“想走也行，不过你得付清一年的房租。”“我还没有住满一个月，为什么要付一年房租?”宋葭不解地问。“因为我这套房子租下来的时候就是按年付费的，你住进来跟我签订的合同，也是按年付费的。你没住满一年，就要提前离开，说明你违约了，我不收你违约金，已经算仁至义尽了，租金你总得按合同的约定付给我吧。”宋葭急忙从背包里把合同翻了出来，里面确实有按年付费的条款，当时江惠对她说她可以按月付费，随时都可以搬走。宋葭把当初的约定复述了一遍，江惠笑道：“你也太天真了，口头承诺是无效的，上面白纸黑字写得清清楚楚，是要按年付费的。是去是留随你，但房费一分钱也不能少付。”

宋葭没有那么多钱交房租，江惠便在公司里到处散布消息说她欠钱不还。宋葭为了维护自己的名誉，把事情的始末向大家交代清楚了。有位同事站在了宋葭一边：“人家刚大学毕业，哪有钱交一年房租啊。江惠，大家都是同事，应当以和为贵，你又没损失什么，就高抬贵手吧，别为难人家了。“我哪里有为难她，我只是按照合同办事罢了，合同是受法律保护的，想赖账可不行。”江惠不依不饶地说。“这是个法治社会，但也是个人情社会，为了这点纠纷对簿公堂不值得吧。”同事又说。

江惠仍然不肯松口，坚持让宋葭还钱，宋葭只好说：“我在网上咨询过律师了，律师说假如我愿意支付违约金的话，剩余的房租你是要退还给我的，无论如何，我住一个月，你是不可能得到一年的租金的。”江惠虽然讲话嚣张，但法律知识比较匮乏，不知如何辩驳，一时无话可说，扔下一句“走着瞧”，便转身走开了。经过这件事，两个人的关系彻底闹僵了。谁是谁非同事心里都有一杆秤，宋葭并没有因为这次事件受到太大影响，得以继续留在公司里愉快地工作。除了江惠之外，她和其他同事相处得都很融洽，日子过得还算舒心。

别人给的礼物你可以收，也不可以不收，同样的道理，别人讨厌你，你可以接招，也可以不予理睬。如果你并没有犯错，身上也没有什么令人憎恶的品质，内心坦荡无垠，那么就没有必要介意别人的态度。你可以把被人讨厌的不快经历当成一种人生的历练，努力修炼自己的心智，慢慢地提高自己的情商，假如有一天你能游刃有余地处理此类的问题，日后必定会有更大的进步。

发牢骚要慎选倾诉对象

每个人都有对生活心怀不满的时候，按照马斯洛需求层理论的说法，人在低层次的需求得到满足以后，会追求更高层次的需求，一旦心愿得不到实现，牢骚就来了。牢骚是心理失衡的产物。当一个人实现不了自我价值、人际关系搞得一团糟，付出和所得严重不成正比的时候，是很难静下来，不发牢骚的。

偶尔发发牢骚，有助于排解心绪，并不会给你带来不利的影响，可是天天喋喋不休、怨天尤人就不可取了，不分场合不分倾诉对象地抱怨，更是不值得提倡，因为那样做可能会引起意想不到的连锁反应。比如你向 A 埋怨 B，事后 A 把你所说的话原原本本地告知给了 B，你和 B 以后就很难相处了。即使 A 没有把你的话直接透漏给 B，但无意中将其透漏给了第三方，消息几经辗转之后，传到了 B 的耳朵里，B 又会怎么看你呢？所以绝不能向口风不严的人发牢骚，无论心里积蓄了多少哀怨和委屈，都必须要静下来，只有找到守口如瓶的人，才能将不满发泄出去。实在找不到这样的人，不妨把牢骚带回家，讲给亲人听，或者将其写在日记里，妥善地保管好，封存在无人知晓的安全角落。

许宁大学毕业后进入了一家小型民营企业工作，当时公司还没有建立健全的管理制度和福利制度，员工的福利标准以及奖罚政策皆由部门经理个人决定，所以不公平不合理的事情是大量存在的，和部门经理走得比较近的员工，即便工作能力平平，没有为企业创造多大价值，也得到了不少奖励，而跟部门经理较为疏远的员工，无论为公司做了多少事，都会被苛责被挑剔，动辄被扣发当月奖金。许宁便属于后者。

每次遭受不公正对待，他都忍不住要跟同事发牢骚：“部门经理实在太差劲了，他做事一点原则也没有，全凭自己的喜好，不但奖罚不公，还常常为难自己不喜欢的人，气量如此狭小，一看就不像干大事的人。真不明白，像他这样的人，是怎么爬到这个位置的。”没过多久，他的牢骚话就传到了部门经理的耳朵里。部门经理更加讨厌他了，此后部门经理经常挑棘手的任务交给他完成，他只要在工作上稍有疏漏，就会受到重罚。许宁忍无可忍，被迫递上了辞呈。在临走前，部门经理几乎将他当月的工资和奖金全扣光了。许宁一气之下一分钱也没领，空着手潇洒地绝尘而去。

后来许宁进入了一家中外合资的企业工作，成了一名令人羡慕的白领，有了一个不错的发展平台，但他依旧感到不满，原因是太忙太累，总是加班，私人时间被挤占太多。有一段时间，为了赶任务，全体员工连续加班半个月，所有的人都叫苦不迭，但没人敢公开抱怨。许宁实在忍不住了，他又犯了爱发牢骚的毛病：“真是烦死了，天天加班，还让不让人活了？老板总挑剔我们效率低下，从不知道体恤我们的辛苦。效率低下能怪我们吗？要不是主管分配任务不合理，目标交代得不清楚，我们至于大大奋战吗？唉，受表扬被嘉奖的永远是主管，挨骂的永远是我们这些基层的打工仔，这世道就是这么不公平。我真不明白，我为什么就遇不到英明的老板和像样的主管呢？”

到了年底，在全体员工的努力下，项目顺利地完成了，每个部门都拿到了年终奖。经过打听，许宁得知其他部门至少多领了三个月的工资，只有他所在的部门年终奖最少，只有一个月的工资。他非常不服气，又开始喋喋不休地抱怨主管：“真不知道他是怎么想的？怎么就不知道为自己的部门多争取一点福利？跟着他这样的主管做事，真是太没意思了。”

第二年过完年假回来，主管主动找到许宁谈话：“我知道你一直觉得我领导无方，对我非常不满意，既然你不想在我手下做事，我也不为难你了，我已经向老板申请过了，把你调到后勤部门，以后我们井水不犯河水。许宁听到这样的调度安排，非常震惊，忍不住问道："是谁向你打的小报告？主管没有回答他，许宁觉得任何一个人都是怀疑对象，在调离岗位前，跟部门里所有的人都大吵了一架，搞得人人都都对他愤恨不已。进入后勤部门以后，他迅速消沉了下去，连发牢骚的心思都没有了。

当一个人被牢骚包围时，福气也就走了。牢骚不能不分时间不分场合不分对象地乱发，如果你只是想发泄情绪，可以找一个空旷的地方大喊大叫或放声歌唱，不要把牢骚挂在嘴上，也不要见人就发牢骚。感到愤怒、委屈、难过的时候，要静下来，克制一下自己，不要将带有强烈个人情绪的话说出口。

你要明白牢骚并不能帮助你解决任何问题，只会给你带来无穷无尽的麻烦，用有效的沟通代替背后的牢骚，才是消解矛盾、赢得好人缘的根本途径。如果因为社会地位不对等，没办法跟抱怨的对象进行平等顺畅的沟通，那么你可以把牢骚埋藏在心里，或是跟少数信得过的人说，千万不能跟与对方休戚相关的利益方抱怨，这是最基本的常识，你若违反，势必要付出沉重的代价。

不要轻易看不惯别人

物理学家告诉我们，力是相互作用的。人与人之间的关系也是如此。喜欢是相互的，所以才存在两情相悦的爱情和性情相投的友情，讨厌和看不惯也是相互的，所以人世间才有那么多冷眼。见到看不惯的人，看不惯的现象，不知你是否能静下来，是否能用平和的态度对待？多数人可能做不到，要么忍不住评论一番，要么就把不屑的表情挂在脸上，无形中为自己树立了许多潜在的敌人。其实你非议和鄙薄别人的时候，别人也在非议和鄙薄你，你放不下成见，就无法走出与他人互相攻击互相伤害的困局。

也许你看不惯某些人古板守旧，看不惯某些人散漫颓废，看不惯某些人盛气凌人，反过来别人也看不惯你，要么认为你不守规则，要么认为你急功近利，缺乏情趣，要么认为你没气度没姿态，成不了大器。究竟谁对谁错呢？没有答案。人们惯于把自己的价值观念当成了普世价值观，希望所有人都遵守自己的信条，对于与个人信条相悖的人，缺乏包容心。

郑微总是看不惯别人，觉得老板没本事瞎指挥，同事冷冷淡淡讨人烦，下属又懒又笨，工作能力低下。公司上下，她对 80% 的人都看不顺眼，因此她的心情很不好。晚上，郑微多次梦到换了老板，换了同事，换了下属，可换来换去，总不合她的心意。醒来之后，她想即使真的换了工作换了环境，也难免碰上那么几个看不顺眼的人。毕竟不是每个老板都有头脑，不是每个同事都很和善，也不是每个下属都既聪明又勤快。

郑微向朋友抱怨的时候，朋友说：“看不惯的人，看多了也就习惯了。这就好比见到长得丑的人，起初你看不惯，时间长了，就习惯了，就不觉得那个人丑了。”“那是心灵麻木了吧。”郑微叹息道。“小时候做鸡兔同笼的数学题，我很困惑，不明白人类为什么这么无聊，非要把鸡和兔子关在同一个笼子里。现在我明白了，出于种种原因，不同性质的事物是会被放到一起的。社会这个大笼子，装满了形形色色的人，有你喜欢的，有你不喜欢的，有你看着顺眼的，有你看着不顺眼的，你必须学会包容，大家才能和和气气地相处。”朋友劝慰说。“我看到他们就心烦，怎么包容？要不是看在高额薪水的份上，我早就逃之夭夭了。”郑微皱着眉头，露出一脸厌恶的表情。

看不惯老板和平级的同事，郑微只能忍，她没有勇气顶撞老板，也不想和同事一争短长，她只能把所有的气都撒在下属身上。郑微非常不喜欢小倪，既讨厌她的穿着打扮，也讨厌她嗲嗲的腔调，更加容忍不了她做事的态度。有些问题郑微强调了两遍以上，小倪仍然记不住，同样的错误一犯再犯。郑微的耐心渐渐被磨没了。后来她终于忍不住发火了：“你得了失忆症了吗？为什么我说过的话，你总是记不住？是大脑出了问题，还是工作态度不端正？”小倪委屈地争辩道：“每天的工作量这么大，我忙来忙去，忘记了，我又不是故意的。”“做错了就是做错了，还找什么借口。总是不把我说过的话放在心上，还听不进批评。”郑微劈头盖脸地把小倪骂了一顿，情绪越来越激动，几近失控。

旁边的男同事听不下去了，赶忙劝说道：“新人业务不熟，工作量又大，难免出错，你何必那么激动呢？”郑微一听，立刻气不打一处来，她早就看那位男同事不顺眼了，前几天刚看到他和小倪说笑，想必他喜欢听那种嗲嗲的声音，这种男人最招人讨厌了。“我在批评教育我的下属，这是我工作职责的一部分，与你毫不相干，你该忙什么就忙什么吧。”郑微毫不客气地税。

“作为同事，我有必要提醒你一下，当领导不要太刻薄。你自己回想一下，在短短半年时间里，你换过多少个下属了？每隔一段时间就要辞退一个人，自己当光杆司令，耽误日常工作不说，还给人事部门添堵，你以为招到一个合格的新人进来那么容易吗？”男同事回敬道。“是人事部门无能，是他们招不到称职的员工，给我的工作添堵，好吧？”郑微气得嚷了起来。男同事不甘示弱，又回敬了几句，两人针锋相对地吵了起来，最后闹到了老板那里。老板也觉得郑微太过挑剔：“我们千挑万选招来的人，都入不了你的法眼，干脆给你配个机器人打下手算了。”郑微百口莫辩，气得半天也说不出话来。

事实上，你看不惯很多人，是因为你没有包容心。由于成长环境、教育背景、人生阅历的不同，人们养成了千差万别的个性，形成了不同的思考习惯和行为模式，行事风格当然不一样。一个有包容心的人，势必明白什么叫“君子和而不同”，什么叫“求同存异”，不会轻易看不惯别人，也不会轻易跟看不惯的人过不去。你不能因为他人的行为不符合你的标准，就出言指责，在彼此熟悉之前，一定要静下来，不要随便去批判别人。与人相处尽可能多些和气，少些怨气和戾气，如此才能广交朋友少树敌，未来的道路才会越来越宽广。

伤害你最深的往往是身边人

俗话说："害人之心不可有，防人之心不可无。"世界很复杂，人心也很复杂，有时候人与人之间需要设置一条防线，才能让彼此感到舒适和安全。在信任危机日益严重的当代社会，人们普遍对陌生人怀有戒心，习惯用怀疑的眼光警惕地打量对方，可对熟悉的人却会毫无顾忌地敞开心扉，所以被陌生人伤害的概率是很低的，被熟人伤害的概率则很高，因为有能力伤害你的往往都是身边的人。

有的人说既然相识了，就应该相知，必须无条件地信任别人，彼此坦诚相待，没有任何秘密，只有这样才能收获真正的友谊，绝不能对身边的人设防，更不能恶意揣测任何人。这是理想主义坚守的信条，经不起现实的考验。但凡静下来的人，都会慎重地选择相知的对象，绝不会贸然与所有相识的人发展出相知的友谊。

人与人的关系分为四种。第一种是彼此认识，但不来往；第二种是彼此熟悉，见面会打招呼寒暄，但私下里很少联系；第三种是互为好友，彼此可以放心地分享一些情感上的经历，但一些很私密的信息不会吐露给对方；第四种是至交知己。两人可以无话不谈，拥有一种心照不宣的默契，相互之间几乎没有任何秘密。前三种关系，都是需要设防的，尤其是双方存在利益纠葛的情况下。如果你不能冷静，率先解除了自己的心理防线，日后很有可能会后悔不迭。

彭菲是个心地单纯的女孩，一向待人真诚热情，跟刚认识不久的人，也能推心置腹。刚刚参加工作时，她认识了比自己大八岁的同事小叶，几乎对对方知无不言言无不尽。在一次闲聊时，她向对方吐露今后的打算，说先在公司里干一两年，积累一些经验，等到学了本事就会另谋出路。这个公司的发展空间太小，不宜久留。孰料事后小叶竟将她的话原封不动地报告给了老板，第二天老板便找彭菲谈话，明确表示公司只会为自己培养可用的人才，绝不会为他人作嫁衣。老板当天便给彭菲结清了工资，将她扫地出门了。

有了前车之鉴，彭菲从此变得谨慎一些了，她发誓以后绝不会再跟不熟的人分享秘密了。三个月以后，她又找到了一份新工作，认识了很多新朋友。在这家公司，她一干就是三年，和所有的同事相处得都非常好，和小贝的关系尤其好，两人不仅在工作上密切配合，私下里也交往甚密，她们经常在一块聚餐、购物、玩耍，像姐妹一样亲昵。彭菲非常信任小贝，无论有什么心里话都会对小贝说，无论发生什么事，都会跟小贝分享。国庆期间，彭菲去了西双版纳，沿途拍了很多风光旖旎的照片，还带回了一大堆精美别致的纪念品。她眉飞色舞地向小贝描述了美妙的观光经历，小贝听得悠然神往。彭菲离开后，小贝觉得心里很不是滋味，她发自内心地嫉妒彭菲。在小贝眼里，彭菲真是太好命了，没有任何负担，想去哪里就去哪里，同事全都喜欢她，领导也喜欢她，正准备把她提拔到更重要的岗位上，而自己就没这么幸运了，不仅得拼死拼活地还大学时代欠下的贷款，还要从微薄的工资中抽出一笔钱来供弟弟妹妹上学，老天实在太不公平了。

小贝觉得比起彭菲，她更加需要得到晋升加薪的机会，于是决定采用非常方式跟彭菲一较高下。当她得知彭菲失恋的消息后，觉得机会来了，下班之后主动找到经理谈话。“经理，你打算提拔彭菲当部门主管？”小贝开门见山地问。“是啊，我觉得经过三年的历练，她完全能胜任这个岗位。”经理毫不隐晦地说。“我认为以她目前的状态，并不适合担此大任。”小贝意味深长地说。经理不明白她想说什么：“据我观察，她目前的状态很好啊。”“她刚刚受到失恋的打击，早已六神无主，在这种情况下，你怎么能放心把整个部门交给她管理？”小贝道出了实情。

经理经过慎重考虑，没有提拔彭菲，他从别的部门调来了一名中层管理人员，暂时担任部门主管，小贝并没有得到自己觊觎已久的岗位。事后小贝感到非常后悔，主动向彭菲讲明了事情的原委，彭菲得知真相后，真是欲哭无泪，她不敢相信自己结交了三年的好友，在关键时刻居然能做出这种事情。一时间她感到分外茫然，从此不敢再轻易相信任何人了。

人与人之间的交往是一个由浅入深的过程，信任是在彼此加深了解之后逐渐建立起来的。刚认识时，大家只是泛泛之交，不可能向对方吐露太多的秘密；随着交往的深入，可判断出彼此适合深交还是浅交；经历了风风雨雨以后，你才能选出能够推心置腹的挚友。若是反其道而行之，相识不久，就开始跟对方推心置腹，将自己所有隐秘的信息都交代得一清二楚，极有可能会被一些别有用心的人利用。即便交往了很长时间，彼此有了深厚的友谊，也不要轻易将自己的秘密和盘托出。在利益面前，友谊往往是脆弱的，所以千万不要和与自己存在利益冲突的朋友分享太多的秘密，以免这个秘密成为别人的砝码、自己的软肋。

道不同也可以为谋

孔子说：“道不同，不相为谋。”意思是意见相左、志向不同的人，不能共谋大事。那么在当今社会，这一处事原则还适用吗？答案是在某些情况下适用，在某些情况下不适用。以交友而论，志同道合者确实更容易成为朋友，但从合作的角度来看，道不同也可以为谋。社会是广阔的，人有千种万种，想法不可能完全趋于一致，毕竟思想大一统的时代过去了，你能因为别人的想法志趣与自己不同，就拒绝与他人合作吗？

无论在哪个领域，都不容易找到惺惺相惜、志同道合的合作者，一味地坚持自己的道，拒绝与外界交流，就会故步自封，与时代脱节。其实，道不同者，经过磨合，也能共同完成使命。只要你静下来，乐于平心静气地对待与自己不同的人，愿意积极主动地配合对方，完全可以达成一个双赢的结局。小到一个公司，一座城市，大到一个社会，一个国家，都是由想法各异志趣不同的人组成的，正因为如此，人类社会才会如此五彩缤纷，如此具有活力，如果所有人的观念都一致、志趣都相同，那么世界将变得死气沉沉、毫无生机。因为不同，才有了思想与思想的碰撞，智慧与智慧的交流，以及优势互补，而趋同就会将一切抹杀。诚然，不同的人在一起共事，会有很多摩擦，易于产生误会，容易发生争吵，磨合的过程并不美妙，面对这种情况，你一定要静下来，学会理解和包容别人，千万不能为了所谓的“道”而伤了和气。记住，在现代社会，殊途可以同归，异曲亦可同工，道不同也可以为谋，做人太刻板太执拗，就会被孤立，甚至失去安身立命的一席之地。

董伯在一家知名广告公司工作六年有余，业务非常娴熟，无论做什么都得心应手，因与顶头上司秉性不合，他在积累了足够多的工作经验之后，选择了跳槽。在朋友的介绍下，他陆陆续续面试了好几家大企业，每每被问到跳槽的原因，董伯都会据实相告，结果就都没有下文了。起初董伯并没有弄清求职屡屡遭拒的原因，若不是一位面试官一语道破，他可能永远搞不清问题出在哪里。

当他再一次谈到跳槽的原因时，面试官问："你能具体说说你和上司之间究竟发生了什么吗？"董伯直言不讳地说："我们俩是完全不同的两类人，平时真的很难相处。用古人的话说就是'道不同不相为谋'。他很依赖经验，一切都从经验出发，设计思路非常保守，而我喜欢抛开经验，大胆尝试一些新东西。此外，他偏好沉静的专色，而我喜欢亮丽活泼的色彩。总之，由于设计理念不同，喜好不同，我设计出的东西，很难得到他的认可，但客户喜欢我的设计。这说明我的感觉是对的。"

"你们只是因为设计理念上的分歧而不和的吗？"面试官进一步问。"我们俩的分歧太多了，不只限于设计理念。在志趣和追求上，我们也是不一致的。他追求的是数量，而我追求的是质量。他希望我能在很短的时间内设计出不同方案的作品，以供客户挑选。而我只想设计出最棒的一套方案，给客户惊喜。因为这个原因，我们经常吵架。"董伯又说。

"还有吗？"面试官接着问。"总之，我们俩不是同一类人。他是一个头脑冷静的商人，看待问题都是从商人的角度出发，根本不在乎作品是不是精品，也不在乎我的感受。而我是名设计师，我在乎自己的感受，在乎才华有没有被滥用，我不想粗制滥造。"董伯道出了自己的心声。

"想听听我的意见吗？"面试官问。"不吝赐教。"董伯诚恳地说。"我觉得，你最大的问题是不擅长处理人际关系。无论你进入哪家公司，都会遇到和原先上司一样的领导或老板，你若是不懂得和这类人和平共处，怕是年年都得跳槽。其实你和上司合不合得来不重要，是否互相喜欢也不重要，重要的是你能从事自己喜欢的事情，双方可以为了达成共同的目标互相配合。我们公司的设计师，经常产生与上司不同的想法，但他们在工作上依然能愉快地合作。”

董伯听明白了，在起身告辞前，他问了一个问题：“不同的人能成为朋友吗？真能像朋友那样长久愉快地相处下去吗？”面试官说：“在工作领域，不同的人可以长久愉快地相处下去，要是做不到这一点，公司岂不早就解体了，社会岂不早就分崩离析了？私下里，不同的人可能会成为朋友，也可能永远不会。公是公，私是私，不能混为一谈。你不可能把同事、上司、老板都发展成朋友，也没有必要那么做，不是朋友，仍然可以合作，不是吗？”董伯点了点头：“谢谢你，解除了我多年的困惑，我知道以后该怎么做了。”

生活在一个多元化社会，你必须有一个开放的心态，能够包容不同的价值观和工作生活方式，关键时刻要静下来，最好不要跟任何人大动干戈，无论彼此是否气味相投，都要配合他人的工作，不能为了自己的私心，阻碍整体目标的实现。在私生活领域，你可以选择自己喜欢的朋友，与情投意合的人往来，不必勉强自己跟所有人成为朋友。脾气不和、志向完全不同的人，在生活中交集较少，很难成为朋友。正所谓“物以类聚，人与群分”“人各有志”，与人交往，不要苛求别人，也不要强求自己，切记随缘随性就好。

不可低估小人物身上的能量

古往今来，“尊重大人物，轻视小人物”是人们一贯的处事态度，很多人在大人物面前，恭恭敬敬，不敢造次，在小人物面前则趾高气扬、蛮横无理，显露出骄纵的本色。人们之所以这样做，是因为觉得大人物掌控未来，小人物微不足道，与大人物交好，对事业的发展大有帮助，与小人物相处得好与坏，对自己没有任何影响。

事实并非如此。真正的大人物从来不会忽视小人物的作用，也从来不会轻易轻视某个小人物。华人首富李嘉诚平时对待佣人都是客客气气、彬彬有礼的，反观那些没有做出任何成就的普通人，尚未成功就不能冷静了，动辄对处于弱势的小人物颐指气使，表现得非常没有教养。事实上小人物身上也有不可低估的“能”，一个普普通通的小人物，如果抓住了机遇，找到了合适的发展平台，同样能爆发出惊人的能量。小人物也有可能成为厉害角色，所以在小人物面前一定要静下来，不要把粗鄙的一面暴露出来，更加不要羞辱和欺凌对方，这样日后见面时才不至于太过尴尬。

小人物并不渺小，我们身边的绝大多数人都属于小人物，这是一个非常庞大的群体。这个庞大的群体往往藏龙卧虎，不知道会诞生多少响当当的大人物。所以要学会尊重地位比自己低的人，切记不要对任何人呼来喝去，肆意欺辱，尊重每一个人的人格尊严，这样做既能体现你的涵养，又可避免因得罪人而带来的风险。

宋怡欣和樊志伟是同一批进入某跨国公司的员工。两个人的工作能力都很强，业绩遥遥领先于其他新来的同事，樊志伟的名次排在宋怡欣的前面。老板很看好这两个年轻人，打算从他们两人中挑选一个担任部门主管。樊志伟认为论业绩论能力，自己均在宋怡欣之上，主管这个位置他志在必得。宋怡欣自知各方面跟樊志伟相比，都略逊一筹，没打算同他一争高低，只想本本分分地做好眼前的工作。

同事们都认为樊志伟将来能成为部门主管，故个个对他恭敬有加。樊志伟很享受这种众星捧月的感觉，除了老板以外，他不再把任何人放在眼里。在老板面前，他三句不离敬语，态度近乎谄媚，对待同事的态度越来越恶劣，动辄呼来喝去，似乎自己已经成了部门里的一把手。宋怡欣则全然相反，在老板面前不卑不亢，对待打扫卫生的阿姨却始终客客气气的。每天阿姨前来打扫，他都会主动迎过去打招呼："阿姨，您早啊！"阿姨把办公室收拾干净以后，他又会关心地问："阿姨，您辛苦了。每天干这么多活，累不累呀？"

樊志伟觉得宋怡欣非常可笑，私下里忍不住对同事说："我从没见过像宋怡欣这么不识时务的人，见到老板站得笔直，就像国家元首会面一样。对一个扫地的却那么客气。他是不是脑子烧坏了？以为自己是大诗人李白呢？只敬平民不敬权贵。现在都什么时代了，还那么天真。"每次见到老板，樊志伟都会小步跑过去，弓着腰，赔着笑脸，殷勤地问好。见到打扫卫生的阿姨则不屑一顾，态度非常差。

有一天，樊志伟怀里抱着一叠文件往办公室赶，阿姨正在清扫甬道。樊志伟觉得碍事，非常不客气地说："扫地的，说你呢，怎么这么没眼力见儿？没看到我过来了么？赶快把路让开，别在这儿碍手碍脚！"阿姨马上停止了打扫，避到了一边，低声说："年轻人，怎么说话这么冲？一点礼貌也没有。"樊志伟没好气地说："对你这种人还讲什么礼貌，你不过是个打扫卫生的，扫完了赶紧走，别站在这儿招人烦。"说完，他白了阿姨一眼，扬长而去。

不久，老板公布了部门主管的人选，被提拔的是宋怡欣，不是樊志伟。樊志伟很不服气，私下里找到老板探问究竟，老板说："按照业绩，你确实应该晋升为主管。不过我姐姐觉得一个人的人品比能力更重要，建议我提拔宋怡欣。我觉得我姐姐的话并非完全没有道理。""老板，你姐姐又不了解公司的情况，你怎么能听她的呢？"樊志伟认为只要说服老板，事情还有转机。

"我姐姐每天都来公司打扫，她认识这里的每一个人。"听了老板的话，樊志伟差点惊掉下巴："你是说，那个扫地的大妈就是你的亲姐姐？这怎么可能？"他原以为老板故意在公司里安插了眼线，没想到老板却说："她退休了，在家里闲着没事干，硬是要到公司里打杂，我拦都拦不住。"听了这话，樊志伟后悔不已，恨不能抽自己两个嘴巴。

宋怡欣当上主管以后，对任何人的态度都没发生改变，依旧那么彬彬有礼，樊志伟忍不住讽刺道："没想到你小子那么有心机，早就知道那个扫地的就是老板的亲姐姐，百般巴结讨好，仅凭大妈的几句美言就轻轻松松地当上了主管。"宋怡欣正色道："阿姨的身份我也是刚知道。我不像你，只知道讨好地位高的人，看不起平凡的小人物。我尊重阿姨，是因为我觉得每个平凡的劳动者都值得尊重。我的母亲是一个洗车工，平时受尽别人白眼，所以我从小就知道被人奚落的感觉有多难受。看到阿姨，就像看到我的母亲一样"。听了这番话，同事们都很感动，樊志伟无话可说，只能责怪自己平时无德了。

一位将军曾经说过："永远不要忽视小人物的作用，有时候历史就是由一些不知名的小人物改变的。"你命运的轨迹很有可能被小人物的某个举措而改变。不要低估小人物的力量，不起眼的小人物所发挥的作用，远远超出你的想象。平等地对待每个人，尊敬每一个小人物，对每个平凡的劳动者心怀善意，你才会有福报。

过火的热情会灼伤人

我们常常被告之待人接物要热情。热情与冰冷相对，它是世上最富有感染力的东西，能给人带来温暖的感觉，瞬间拉近心与心之间的距离。每个人都希望被热情对待，谁也不想被冷落在一旁。可是热情一旦超越了尺度，就会成为一种负担，令人不快，甚至引人猜疑。如果你太过渴望与他人建立友好关系，就有可能不能冷静，把握不好火候，见人便热情泛滥，搞得彼此都很尴尬。可见，热情并非是多多益善。

黎巴嫩诗人纪伯伦曾经说过：“热情，不小心的时候是一个自焚的火焰。”意思是过火的热情是有害的。的确，超乎寻常的热情，常常让人感到费解，有时还会给人带来无形的压力。比如有些计程车司机害怕乘客无聊，一路上说个不停，热情得忘乎所以，不给乘客片刻的安宁，乘客不胜其烦，却不好意思叫他闭嘴，只好苦挨到目的地，从此再也不想坐他的车了。人际交往也是如此。热情过了火，往往给人以虚假做作的感觉，不但不能增进信任，培养好感，反而会使别人产生对你敬而远之的想法。施与热情千万不能一厢情愿、强人所难，要充分考虑到对方的心情和需要，做事要拿捏有度，避免过火过激引人反感。

适度的热情，有如冬日的暖阳，让人心里暖融融的，过度的热情则像近距离的火炉，烤得人难受，甚至有可能灼伤人。前者发乎情止乎礼，属于一种真情流露，而后者背后的动机通常没有那么单纯，缺乏诚意和人情味，故很难打动人心，且容易引起猜忌，让人觉得不怀好意。所以你所投入的热情和你受欢迎的程度不成正比，你的热情未必会换来别人的真心，你若目的不纯，一味地对别人热情，让人感觉受宠若惊，很有可能会把对方吓跑。

卫岑在上大学的时候，就已经意识到人际关系对于一个人未来的发展有多么重要，所以参加工作以后，无论见了谁，都会投入百分之一百二的热情，只要一找到机会，就跟别人套近乎，管所有的客户叫老乡，对同事一律用哥或姐相称。有的人觉得她嘴甜，看起来聪明伶俐，对她颇有几分好感，但大多数人都对她那种近乎谄媚的搭讪感到反感。

有一次，卫岑随同事一起约见了一名客户，三人在咖啡馆里边品咖啡边谈业务。卫岑再一次使出了杀手锏，把客户认作了老乡。可这位客户并不买账，他淡淡地说："我有一个来自山西的朋友，购买过你们公司的产品，他说是从一个老乡那里买的，那个老乡就是你吧。如此说来，你应该是个山西人喽。如今怎么又变成我的老乡了呢？我可是地地道道的重庆人啊。"谎言当场被人揭穿，卫岑觉得很没面子，她只好圆谎道："我爸爸是山西人，妈妈是重庆人，我出生在重庆，算是土生土长的重庆人。"

"可是听你的口音一点都不像南方人，你的长相也比较像北方人。"客户狐疑地说。"那可能是我长年在北方生活的缘故吧。不瞒你说，我初中、高中、大学都是在北方念的，人生大部分时光都是在北方度过的。"卫岑继续胡诌道。客户没有兴趣再深究下去了，把话题转移到了产品上。卫岑为了把产品推销出去，一直讲个不停，说得口干舌燥，说完又拿出了产品宣传的小册子以及杂七杂八的赠品，还有从家乡带来的土特产，并再三表示愿意送货上门，以后若有什么需要，她会随叫随到。

客户忍不住笑起来："你的意思是只要我买了产品，以后无论有什么事都可以找你帮忙？"卫岑说："你有什么需要，就尽管吩咐，咱们现在已经是朋友了。"客户觉得她热情过度了，有些接受不了，本能地对这样的业务员有一种排斥感。当时他并没有购买产品，只说考虑考虑，过一段时间再给答复。客户起身告辞时，卫岑主动递上外套，并尾随其后，坚持要送对方回家。“你人生地不熟的，还是让我送送你吧。”“我虽然不认路，但司机认识，你还是请留步吧。”客户说。

“你的公文包很重吧，不如我帮你拎吧。”卫岑又说。“不用了，我想我的臂力应该强过你。”客户一口回绝道。卫岑不知道该说什么好，但她仍然不甘心就这么放客户走。最后是老天帮了她大忙，客户刚走出去，天空就降下了大雨。客户没有带伞，只好回到咖啡馆避雨。大雨下到晚上都没有停，卫岑安排他到附近的酒店入住，不但自掏腰包垫付了房费，还亲自端上驱寒汤给对方驱寒，每隔一段时间就到房间里嘘寒问暖。客户仍然不为所动，第二天把住宿费还给了卫岑，依然没有购买产品，说了几句道谢的话就离开了。

有些人为了搞好人际关系，或者讨好对自己有利的人，急于向对方表达热情，表现得分外殷勤，殷勤到了谄媚的地步，这种违反常态的做法往往会给对方带来诸多疑问，为彼此的不信任埋下伏笔。与人相处，一定要讲究分寸，任何事情都不可过度，做事不能越界，无论面对什么人，都要静下来，待人接物要不卑不亢，大方热情，这样才能赢得对方的好感和尊重。

人情练达不等于熟谙世故

一个人要想在社会上立足，必须懂得人情世故。那么究竟什么是人情世故呢？有的人简单地把人情世故拆分为人情和世故两部分，且重世故而轻人情，觉得只要城府深、有心机，知道怎么跟不同的人打交道，怎样跟别人进行资源和利益方面的交换，就算是熟谙人情世故的高手了，他们甚至认为，年轻人不能冷静，就是因为不够世故。那么事实果真如此吗？

其实不是。人情在前，世故在后，说明人情味要比世故心重要得多，人情练达要比心机、城府有分量。真正雍容大度、静下来的人不是因为变得圆滑世故，才有了一身静气和淡定从容的风度，而是因为历经坎坷之后，了解了人生的不易，有了同理心和悲悯心，故能容人之失，容人之过，乐于同别人一笑泯恩仇，化敌为友，不再像青涩时期那样莽撞冲动，能与绝大多数人和谐融洽的相处。

长期以来，人们对人情世故有着根深蒂固的误解，认为被磨平棱角，变得油滑不讲原则，就是参透了世故之道；做事全从实用主义出发，只结交能帮助自己的贵人，不在泛泛之辈身上浪费资源和感情，就是聪明的处事之道；做人深藏不露，伪装得天衣无缝，一味地装傻充愣，揣着糊涂装明白，就能成为凌驾于众人之上的高手。其实并不是这样。太世故的人，通常不能得偿所愿，因为他们只能暂时静下来，不能长久静下来，有时会见利忘义，有时会露出原形，藏得再深，终有被人看透的那一天，一旦被人看破，就会被人们所唾弃。事实上，少有人真心喜欢世故的人，重情重义富有人情味的人才会广受欢迎，通世故而不通人情者只能得意一时，不能得意一世。

杨凡是一个非常懂得察言观色的年轻人，能一看就看透别人心里想要什么需要什么，故而能投其所好，广交朋友。他觉得一个人要想拥有辉煌的事业，必须精通人情世故，因此在这上面下了不少功夫。他很快摸清了朋友们的底细，弄清了什么人对自己的事业有帮助，什么人能给自己提供实质性的支持，什么人对自己一无所用。按照不同的情况，他对不同的人采取了不同的策略。

在办公室里，他尽量表现得很低调，从未显露出野心，对谁都客客气气的，凡事尽可能忍让，没得罪过什么人，也没遭受过打压和排挤，一路走来顺风顺水，埋头苦干了两年，就被提拔为副经理。得势以后，杨凡瞬间露出了他的真实目的。从此，他不把任何人放在眼里，对待所有的老员工颐指气使，当着众人的面说上级的坏话，越来越飞扬跋扈。有位老员工感叹道："真是知人知面不知心呐，没想到杨凡居然是这样的人，以前看着挺老实的，见谁都恭恭敬敬的，一副怯生生的模样，怎么一夜之间就变成这样了呢?"另一位老员工说："人家今非昔比了，以前人微言轻，不敢造次，现在他已经成了部门里的二把手了，哪还把咱们放在眼里?他瞧不起咱们倒是还能理解，对经理不敬就太不应该了。他可是经理一手提拔起来的，没有经理的栽培，他哪能有今天?他现在这么做明显是过河拆桥，觉得经理没有价值了，又挡到他的路了。嗨，现在的人，怎么这么世故啊?"

两位老员工分析得没错，杨凡确实把经理当成了最大的竞争对手，天天琢磨着怎么取而代之。经理很快看清了他的真面目，觉得忍无可忍，直接找到老板，要求撤换副手，没想到老板却说："小杨跟我谈过了，他说你们之间有点误会，无论如何他都不会威胁到你的地位，希望你放心。”听了这话，经理的心瞬间凉了，看来老板是被杨凡迷惑了。想来想去，他觉得现在唯一能依靠的就是那批老员工了。如今老员工个个憎恨杨凡，人人都想把杨凡驱逐出去，他正可以利用这点，将杨凡这个害群之马赶出公司。在经理的号召下，几乎所有的老员工都跟杨凡决裂了，杨凡顿时陷入了四面楚歌的境地。他在公司里待不下去了，有了跳槽的打算，临走之前放狠话说：“我会到我朋友的公司当经理，再也不当千年老二了，到时我会让我的朋友把这家公司搞垮，让你们所有人都下岗。”

杨凡高高兴兴地投奔朋友，准备走马上任的时候，局面发生了惊天逆转，朋友的公司倒闭了。“这是什么时候发生的事？”杨凡着急地问。“一个星期前。”朋友垂头丧气地说。“你怎么不早告诉我，为什么还答应让我当经理，是不是故意耍我？”杨凡咄咄逼人地质问道。“我就是随口那么一说，没想到你真来了，很抱歉，让你失望了，我现在的境况真是一团糟。”朋友低下头，不敢看杨凡的眼睛。“你确实糟糕透了，全身都是霉味，以后尽量离我远点，别对别人说你认识我。”杨凡说完，便头也不回地走开了。

他万万没有想到，半年以后，这位倒霉的朋友又东山再起了，得知这个消息以后，他不假思索地又跑到朋友面前，想要重温旧情，但朋友没有理他。在社会上游荡了几个月之后，杨凡仍然没有找到称心如意的工作，莫名怀念起从前的生活，于是他又厚着脸皮回到了原公司，恳求经理不计前嫌收留他，经理再也不信任他了，没有给他机会。杨凡灰头土脸地走出了办公大楼，感到分外茫然，觉得自己就像丧家之犬那么狼狈那么讨人嫌，想起以前高朋满座的日子，顿时有一种恍若隔世的感觉。

世故是一种疾病，染上这种病的人，只能看到人性中的阴暗面，不相信人情，也不讲人情，只想混迹于权谋的圈子里，对有用的人卑躬屈膝，对没用的人弃之如敝履，为人卑劣不讲原则，却不以为耻反以为荣，自以为很高明。这样的人，永远不可能站得高看得远，也成就不了大业，因为在人情社会里，人情是第一位的，没有人情味，就什么事情也做不了，机关算尽，也终究会落得一场空。

不要在错误的人身上浪费感情

关于交友，《飘》的作者玛格丽特 · 米切尔说过一句非常经典的话："不要为那些不愿在你身上花费时间的人而浪费你的时间。" 这句话的意思是，不要在错误的人身上浪费感情。不在乎你，对你漠不关心的人，不值得你付出友谊和真情。如果对方只想把你当成自动提款机或是某种可利用的工具，需要你的时候，百般献殷勤，不需要你的时候，便对你不理不睬，对于这种不纯粹的友谊，最明智的做法，就是果断地"断舍离"，虚假的交情当断则断，粉饰的情谊当舍则舍，毫无意义的交往当弃则弃。

心慈面软的人，遇到擅长软磨硬泡本性凉薄的人，总是不能冷静，被一次次冷落，一次次伤害，依然不能吸取教训，总是被动地扮演着老好人的角色，事后往往后悔，责怪自己狠不下心，经不起别人苦苦的纠缠，一次又一次地被压榨，付出了时间、精力、金钱，换来的却是冷眼。

人生苦短，你不能把宝贵的岁月和有限的年华跟压榨你利用你的人分享，不愿在你身上有所投入的人，不值得你去珍惜。在必要的时候，要静下来，狠得下心，不要瞻前顾后，左思右想，勇敢地对势利眼的人说不，对天性凉薄的人说不，要学会净化自己的朋友圈，免得日后受伤害。永远都不要跟自私势利的人做真心朋友，如果你办不到，不忍心甩掉那些势利的朋友，那么你必须提前做好心理准备：把自己当成一只皮球，有价值的时候，被对方颠来颠去，没价值的时候被一脚踢开。要知道，别人甩开你的时候，根本就不会犹豫，也不会有任何心理负担。

人心不能太冷太硬，不近人情，但也不能太软，心太软会伤到自己，对于讨债式的朋友，最好拒之于千里之外，做不到这点，你就永远摆脱不了受害者的角色，会经常被一些别有用心的人当成取之不尽用之不竭的资源，永远都不知道该怎么止损。

雷刚是个非常油滑的人，天生自来熟，跟不熟的人聊过两三次，便开始热情地称兄道弟，一有机会就要求对方帮忙。每到一家公司，他都会使出浑身解数，把大部分同事发展成朋友，把工作一点一点地分摊到别人身上，然后自己坐享其成，成为最大的受益者。比如他懒得亲手查阅资料，便央求公司里的老实人小华帮忙："我实在不擅长查东西，劳烦你帮我百度一下呗，回头我请你吃饭。"小华轻叹了一口气，不好意思回绝，只好应承下来，等到小华把现成的资料交给雷刚时，雷刚连声谢谢都没说，转身便走开了。

三年之后，雷刚晋升为销售经理，小华依然在做文案工作。每次需要帮忙的时候，雷刚总是第一个想到小华。他经常对小华说："你能不能给我做个方案?"小华很不理解，这本来是策划部的工作，雷刚为什么要绕开策划部，偏偏请他帮忙呢?雷刚的解释是策划部做出的东西，不符合客户的要求。小华没有多想，每次对方开口请求，他都有求必应，利用业余时间，先后赶出了二十多套成熟的方案。雷刚从来不告诉他方案是否被采用了，也没提过方案通过后，拿到了多少奖金。显然，雷刚不曾把他当成兄弟，充其量只是把他当成不要钱的苦力罢了。

小华深知这一点，但仍然没办法拒绝雷刚。有人劝他远离雷刚："这小子我算看透了，就是一个不折不扣的吸血鬼，不榨干你绝不会罢休的。

你为他做了那么多事，付出了那么多，他可曾回馈你半分？”小华憨厚地笑了笑说：“我从来没想过索要回报。只要他真心把我当朋友就好。”

终于有一天，小华决定不再忍受雷刚的剥削了，彻底跟他决裂了。那是秋日的一个晚上，小华得了重感冒，昏昏沉沉地躺在沙发上休息。半睡半醒的时候，雷刚打来电话，催他再写一个方案。小华头痛欲裂，实在写不了，他平生第一次拒绝雷刚：“不是不想帮你忙，我真的病了，高烧39度，难受得很，你还是找策划部做这项工作吧。”“策划部的员工全都是草包。他们根本写不出像样的方案，无论老板还是客户都不喜欢他们写的东西。老板早就打算将整个策划部清理掉，然后重新吸纳新鲜血液，让我兼做策划部主管。好哥们，你就再帮我一回吧，我需要让老板看清我的实力。”

“抱歉，我真的爱莫能助，这几天连续高烧……。”小华的话还没说完，雷刚就啪的一声把电话挂断了，小华像狠狠地挨了一个响亮的耳光那么难受，此后便跟雷刚疏远了。过了几天，雷刚又跑过来解释说：“我让你写方案也是为了你好，你要是把这份工作做好了，说不定就能转到策划部门呢。”小华淡淡地说：“我根本就没想过要转到策划部，我喜欢做文案，就想一直做文案。我生了病，连老板都肯给我假，让我好好休息，你却希望我带病马不停蹄地为你工作，这不是一个朋友应当做的。”雷刚无话可说，他知道小华以后不会任其摆布了，就再也没有理会过小华了。

有时候伤你最深的不是敌人，而是那些不称职的朋友。他们凭借各种交际技巧骗取了你的信任，让你把大量的时间和精力耗费在他们身上，心甘情愿地把自己的优良资源拱手让出，去不愿意为你付出一点点真心。这样的人不值得交往。遇上这样的朋友，最好尽早脱身，早脱身早轻松，在伤害无限扩大之前转身离开，日后你一定会感谢自己当时的决定。做人要静下来，有主见，不要轻易被别人左右，不要逆来顺受听凭他人摆布，不称职的朋友该舍弃就舍弃，不必为一段并不存在的友谊而哀伤。

对待朋友不要雪上加霜

人在春风得意时，往往高朋满座，门庭若市，落难时则门庭冷落、无人问津，甚至有可能面临着树倒众人推的窘境。对于落难的朋友，你是怎么看待的，又是怎么对待的呢？是不理不睬避之不及，还是落井下石，雪上加霜，抑或是乐于提供帮助，雪中送炭？

俗话说："患难见真情。"一个人只有进入人生低谷的时候，才能看清哪些是真朋友，哪些不是。假朋友大多不能冷静，很快就会露出市侩的本色。真朋友无论面对怎样的变化，都能始终如一，不会因为对方身份地位的改变而变脸。你愿意做别人的真朋友还是假朋友呢？从道义的角度出发，人人都不屑于做假朋友，那么为什么有那么多人最后扮演了这种角色呢？因为人是有私心的，人性是有阴暗面的，唯有至善之人才会不计回报地帮助对自己毫无用处的人，而这类人永远都是那么稀缺。

其实从利己角度出发，我们也应该善待落难的朋友。正所谓"天有不测风云"，每个人都有可能遭遇劫难，朋友身陷困境，你悄悄走开，或是冷言冷语嘲讽，等到你遭遇不幸的时候，也将受到同样的对待。在别人最无助的时候，你及时送上安慰，为其济困解危，比平日里"锦上添花"的小小帮助，要有意义得多。今日受你滴水之恩，他日若能时来运转、东山再起，朋友必定不会忘了你，必然会对你涌泉相报。

不能冷静，对于落难之人要么冷眼旁观，要么落井下石，把眼前利益看得同生命一样宝贵，是一种短视的表现。人生的命运曲线有时就像股市一样存在着上上下下的波动，被你当成垃圾股的朋友，很有可能咸鱼翻身变成绩优股，而被你当成绩优股吹捧的朋友，不知道哪天就变成了一文不名的垃圾股。所以做人不可太过，要尽可能地善待每一个时运不济的人，对任何人都不要雪上加霜。这样于人于己都有利。

苏沐阳最近几年运气极差，做生意年年折本，欠了不少外债。身边的朋友全都识相地走开了，平日里连一个电话都接不到，更不要指望能得到半句暖心的安慰了。以前，生意兴隆的时候，朋友有事没事都会找他聚会，现在全都翻脸不认人了，有事没事来找麻烦，不是逼他早点还钱，就是来说风凉话，一副幸灾乐祸的样子。

最让他寒心的是合作伙伴小阮，两人原本私交甚笃，一起合作过好几个项目，如今他落魄了，小阮便落井下石，向他讨要二百块钱。他怎么也料想不到，一个身价百万的大老板，居然会为了区区二百块钱登门讨债。其实那二百块钱并非债务，而是一顿饭钱，在苏沐阳事业遭遇滑铁卢之前，小阮自掏腰包请他到一家小餐馆吃了一顿饭，现在居然厚着脸皮索要，真是让人无法理解。可悲的是，苏沐阳已经落魄到了身无分文的地步，二百块钱对他来说都成了一笔巨款。他想，小阮这么做肯定是故意找茬，是在变着法取笑他。他无法理解发生在自己身上的事情，不明白别人为何要这样对待自己。以前的友谊难道统统都是假的吗？所有的人都是因为钱和利才和他交往的吗？自己难道真的一点人格魅力都没有吗？

苏沐阳痛定思痛，发誓一定要东山再起。为了摆脱小阮的纠缠，他把表卖了，将钱塞到小阮手里的时候，忍不住说了一句：“你应该知道风水轮流转的道理，做人不可太绝。”小阮听了很不舒服，赶忙解释说：“我不是真想管你要钱。前些日子，跟商场上的一个哥们打了一个赌，他说你现在一定穷得连二百块钱都拿不出来了，我说你一定拿得出来，我们俩吵了起来，最后下注十万。今天我把这二百块钱拿回去，就能赢十万块。”苏沐阳没想到别人会拿自己的落魄寻开心，他的心里更加不是滋味了。

后来，苏沐阳卷土重来，重新做起了生意，事业一点点做大，把失去的一切全都赢了回来。小阮由于找错了合作伙伴，亏损了一大笔钱，人生陷入了低谷。在走投无路之际，小阮只好硬着头皮向苏沐阳借钱，想起昔日受到的羞辱，苏沐阳仍然感到寒心，于是掏出二百块钱塞到他手里：“我想你知道是什么意思。”“以前我用二百块钱羞辱你，现在你要以其人之道还治其人之身。”小阮说。

“像你这样的人，也就这点心胸。你还记得吗？你打赌赢了十万块钱，把二百块钱还给了我。我就用这二百块钱起家，从摆地摊做起，一点一点地把小生意做大，这才有了今天的成就。我给你二百块钱，是希望这笔钱也能给你带来好运气。不过别指望我能帮你更多了，因为我也就那么点心胸。以后你只能靠自己了。”苏沐阳语重心长地说。

小阮听了这番话后悔不迭，他想假如他当初没有落井下石，肯定能获得苏沐阳的帮助，说到底是自己先寒了朋友的心，不能责怪别人无情无义。比起自己当年的刻薄，苏沐阳已经算是足够客气了。小阮这样想着，失魂落魄地走回家中，从此一蹶不振。

民谚有云："虎落平阳被犬欺，龙游浅滩遭虾戏"，意思是人一旦失势后就会被市侩的弱小者欺压。聪明的人，绝不会充当帮凶。因为落入平阳的虎依旧是虎，不可能变成病猫，下潜到浅水里的真龙依旧是龙，不可能变成牛羊。欺侮老虎和真龙，自己也不会有好下场。

第三章

静下来，收锋芒：人生才会处处顺畅

一个人要是不能冷静，不懂得收敛棱角和锋芒，就会遭人嫉妒，成为众矢之的；一个人若是太过任性，太过狂傲，聪明外露，感情用事，无形中会冒犯很多人。静下来的人会收敛锋芒，将智慧深藏，有本事不自夸，有能力不狂妄，有才华不彰显，平时谦虚谨慎，平易近人，你的能力才能拥有发挥空间，搬开人为设置的障碍，你的生活才会更加美满。

爱出风头的人容易先受伤

人在年少无知时，普遍爱出风头，喜欢到处炫耀，一点也不能冷静，显得非常浅薄幼稚，由于不明白“树大招风”的道理，无形中招来了不少敌人。不知你在青春年少时是否犯过同样的错误，而今是否汲取了教训了呢？或许你到现在也不明白，为什么有那么多人看自己不顺眼。

原因其实并不复杂，与你平起平坐的人，看不惯你的出格行为；不如你的人，讨厌你自我炫耀的做法；比你强的人，觉得你太夜郎自大；如此一来，你便成了非常不讨喜的人，不被任何人认可和看好。最糟糕的是，你认不清形势，在错误的时间错误的地点，卖力表现自己，风头盖过了上级，甚至压过了老板，成了别人的眼中钉、肉中刺，自己却浑然不觉，或者立足未稳，就想成为团队里的火车头，事事表现抢眼，生怕不能凸显出自己，总爱强出头，给人以不自量力的印象，遭人厌烦。这些不成熟的表现，都会使你不知不觉走到别人的对立面上，毁掉你苦心经营的人际关系，进而把自己逼入四面楚歌的可悲境地。

诚然，每个人或多或少都有一点虚荣心，渴望光环加身，享受众星捧月般的待遇，这是人的天性，本来无可厚非。问题在于舞台只有一个，主角也只有一个，它是人人争而不得的角色，你得到了必然会引起他人的嫉妒。假如实至名归的话，你也许能在诋毁和非议声中，收获鲜花和掌声，反之，名不副实，没有才干和能耐，你却偏偏要强出风头，就有可能成为众矢之的。

胡艳是一个非常喜欢表现自己的女孩，平时很爱出风头，开例会的时候，上司和老员工尚未发言完毕，她就抢先说话，从产品研发到市场分析、营销策略讲得头头是道，俨然把自己当成了会场上的绝对主角，引起了公司上下所有员工的不满。上司觉得她摆不正自己位置，不堪大用；老员工认为她资历尚浅，没有资格那么做，新员工觉得她太爱显示自己，一言一行都很讨厌。

自她入职以来，没有一个人喜欢她，几乎所有人都盼望着她早点闭嘴或者消失。她却一点都没有察觉，继续跟比自己资历深的人抢话，有时还越俎代庖替领导发言。由于不受待见，同时入职的员工，薪资都有所上涨，只有她还在原地踏步，工资没有任何调整。同样的话，老员工已经跟客户交代过了，她偏偏要插上几句，把原来的内容按照自己的语言风格复述一遍，搞得客户莫名其妙，老员工也很不高兴，既觉得没面子，又担心她抢单，有时实在忍不住，会当场给她难堪："你觉得我没有把话说清楚，必须由你来补充，客户才能听懂吗?"

胡艳先是一愣，随即笑笑说："你多心了，我这不是在帮你推销吗?"老员工没好气地说："你还是帮帮你自己吧，入职那么久了，一点业绩也没有，还有心思管别人的闲事。"胡艳自讨没趣，只好走开了。她在办公室里踱来踱去，看到经理在给新员工解答疑难问题，立刻来了精神，于是就对经理说："您说了这么久，一定口干舌燥了吧，先歇歇吧，他们问的问题我都懂，让他们问我好了，我很乐意帮他们解答。"

经理说："那好吧，现在欢迎胡老师给你们解答问题。"说完，就坐在旁边旁听。胡艳终于又找到了一个展示自己的舞台，十分得意，讲起话来便滔滔不绝，一个问题至少要说上 20 分钟，里面掺杂了不少废话。新员工听得很不耐烦，纷纷又聚到经理身旁，央求经理为自己答疑解惑。胡艳不高兴地说："让经理歇歇吧，我给你们讲还不行吗?""你抓不住重点。"一名新员工斗胆说出了大家的心声。胡艳被驳了面子，感到很扫兴，只得知趣地走开了。

一年之后，公司进行改组，规模减小了许多，不受欢迎的员工都被调到库房看管货物，胡艳就是其中之一。由于工资低，又没有提成可拿，胡艳的日子过得无比艰难，听说这次人事调动得到了公司上下所有员工的支持，她感到无比心寒，她万万没想到自己的人缘居然差到了这种地步，想来想去，心里窝火，在库房干了一个多月，就主动辞职了。

很多人认为这是一个酒香也怕巷子深的年代，必须在人前尽量搏出位才能引起足够的重视，得到更好的发展机会，所以该出手时就出手，该出风头的时候必须出出风头，必要的时候，要高调炫耀自己的口才、学识和能力，让所有的人对自己佩服得五体投地。其实这种想法是错误的。你可以适度展露自己的才华，但必须掌握火候和分寸，任何时候都不能出尽风头，毕竟你不是镁光灯下的大明星，过度炫耀，不仅显得不够庄重，有损于自身的形象，还会引起别人的强烈反感。在能力不济的时候，更加不能强出风头，因为那样做并不能让你活得更风光，却有可能让你输得更狼狈。

真正的智者，素来不喜欢彰显自己，但这并不影响他们在他人心目中的地位。只有浅薄无知的人才会急着出风头、抢风头，自以为聪明，自以为了不起。事实告诉我们，做人要静下来，不能太轻浮，不能太自以为是，等到自己真的成了不可或缺的稀有人才，即便再低调内敛，也会被推向舞台，获得大放异彩的机会。所以从某种意义上说，爱出风头者的人往往容易摔下舞台，不出风头默默积攒力量的人，才能成为舞台真正的主角。

最好不要轻易外露锋芒

不能冷静最鲜明的表现就是锋芒毕露。仔细观察你会发现，沉稳大气的人大都比较内敛，身上自有一种掩饰不住的光芒，与才高气傲、目空一切的人形成了鲜明的对比。也许你会说只有事业有成的中年人才能达到这样的境界？青年人不露锋芒怎能崭露头角，怎能把握稍纵即逝的机会，又凭借什么实现人生的理想？

诚然，为了不被长期埋没，找到属于自己的位置，你必须要有亮剑精神，但这并不意味着你必须将自己的才华和锐气毫无保留地展露出来，你可以有锋芒，时机不成熟时，最好不要轻易外露。锋芒是一把双刃剑，既能成全你，也能毁了你。最明智的做法是，平时收在剑鞘里，在该亮剑的时候才可拔剑出鞘。因为锋芒太露，往往会给自己埋下祸根。《红楼梦》中的晴雯就是因为不擅长掩藏锋芒，才一步步走向毁灭的。她相貌出众，有才华有手艺，心气极高，长了一身倔强的利刺，对上恃才傲物，对下冷酷刻薄，把贾府的人得罪了大半，唯独赢得了贾宝玉的心，然而宝玉却没有能力保护她，可怜一代才貌双全的佳人，年纪轻轻就在残酷的迫害和打压下香消玉殒了。可见在时机不对的情况下，毫无防备地将才华一览无余地显露出来，对自己是非常不利的，早早地显山露水，或许可以风光一时，但事后可能换来无穷无尽的麻烦和灾难。

早早出鞘早露锋芒的人，往往退场也快，只有懂得隐藏锋芒，知道怎么养精蓄锐，怎么在关键时刻一鸣惊人的人，才能笑到最后。假如你的锋芒伤到了别人的眼睛，给别人带来了心理压力，或是直接损害到了某些人的切身利益，那么你展露锋芒的那一刻，就是你成为公敌之时，所以纵有宝剑也不可轻易出鞘，纵有满腹才学也不可到处夸耀，更不能恃才傲物，为所欲为，违背人情世故的基本法则。

社会环境不同于校园环境，在学校，你有才华有学识，老师同学会真心诚意地佩服你、夸赞你，在社会上，你有能力有本事，才气智慧过人，未必能得到别人发自真心的赞美。这是为什么呢？道理很简单，在学校你有才华并不影响别人，而在同一家公司共事，你的出众势必反衬出他人的平庸，你得到的表扬越多，意味着他人被否定被漠视的次数越多，你获得的待遇越优厚，别人的利益就有可能被过度侵占。从某种意义上说，你的存在，让大多数人心理失衡，众人把矛头指向你几乎是一种没有悬念的事。古人所说的“木秀于林，风必摧之”反映的就是这个道理。

赵杰是一名学贯中西的海归，具有“白骨精”的典型特质，聪明、能干、反应敏锐，做事滴水不漏，无论干什么都遥遥领先，长期以来，在公司里他一直独占鳌头，一人领走了七成的部门奖金。他平时向来比较高调，从不掩饰锋芒，个性比较张扬，自诩为公司的中流砥柱，从来不把公司的总经理放在眼里。在员工大会上，他侃侃而谈，津津乐道地向员工们推广自己成功的经验，显得非常自负。

经理和同事都挺讨厌他，只有老板欣赏他，多次在重大场合公开表扬他，还号召全体员工向他学习，事后老板还制定了新的业绩目标，并宣布谁要是完不成任务，谁的奖金就全部扣发，用来奖励对公司贡献更大的人。老板所说的那个人当然指的是赵杰。大家知道自己被扣发的奖金，全都进了赵杰的腰包，都感到十分气愤。有一天，一名员工抱怨说：“那个海归没有空降到公司之前，我们都过得好好的，老板对我们的要求没像现在这么苛刻，也从来没有出现过扣发奖金的事，自从他一来，公司上下都被搅乱了。只有他一人春风得意，我们却要暗暗受苦，真是太气人了。”“你说得对，他一天不走，我们就一天没好日子过。”其他员工纷纷响应道。

员工们聚众小心议论的时候，经理恰巧经过，把大部分话都听在了耳里，他当场表态说：“赵杰这个人虽然很有能力，但他不通人情世故，过于恃才傲物，从不顾忌别人的利益和感受，坦白说，我很不欣赏他，但是他确实是个人才，又深得老板器重，我也不方便为你们出头啊。”众员工知道经理站在自己这一边，顿时底气倍增，心想赵杰以寡敌众，纵使有再大的能耐，也会败下阵来。到了月底，全体员工在经理的带领下纷纷上书请辞，理由是不堪压力，老板没有批准，他知道大家是因为对赵杰不满才做出如此过激的举动的，权衡再三之后，决定辞掉赵杰，保留团队。

赵杰听到消息后，非常不服气：“我是公司里最有价值的员工，你真的要为了那帮庸才辞掉我？”老板无可奈何地说：“一个人能量再大也比不过一个团队，你不被整个团队所容，我只能二选一，实在想不出两全其美的办法。”赵杰垂头丧气地离开了公司，到最后他也没有弄明白自己究竟错在哪里。

职场虽然不同于战场，但到处都有看不见硝烟的战争，作为新人一定要静下来，先保护好自己，不能轻易展露锋芒，以免遭人嫉恨，羽翼未丰之前尽可能地收敛锐气，低调处事，不要刻意打破原有的平衡，待时机成熟后，再一鸣惊人，赤手空拳为自己打下一片天地。

不能过早地亮出底牌

《道德经》有云："鱼不可脱于渊，国之利器不可以示人。"意思是鱼儿不可离开深潭，治国的利器不可拿来示人，也就是说时机未到，必须静下来，不能过早地亮出底牌。可惜年轻人领悟不了这句古训，常常反其道而行之，为了证明自己，让别人能早点看到自己的价值，像开屏的孔雀一样急着展示身上每一根漂亮的羽毛，盲目地将所有优点和盘托出，结果不但没能达成目的，还使自己陷入了非常被动的境地。

事实上，过早地暴露底牌，一眼被别人看穿，无异于自寻死路。因为你在展示优点的时候，往往也暴露出了很多弱点，无形中降低了自身的价值。我们都知道一个简单的常识，太阳在最亮的时候，往往黑子越多。当你如数家珍地罗列自己的优势时，往往也把劣势显露了出来。

比如你在推销自己的时候，得意扬扬地宣称曾经参加过什么知识大赛，取得了怎样的名次，各门功课如何优秀，基础知识如何牢固等等，在一定程度上揭示出了你重理论轻实践的事实；再比如你毛遂自荐，主动请缨接受重要任务，为了赢得老板的垂青，获得担当大任的机会，毫无保留地将自己的十八般武艺悉数亮出，这样做对你的日后发展是非常不利的，因为老板对你的能耐已是了若指掌，以后会依据的实际情况分配任务，不会对你再抱有更大的期待了。

过早地亮出底牌，自行褪下神秘的保护色，以透明人的形象出现在众人面前，等于给了别人对自己评头论足的机会，这对于你理顺错综复杂的人际关系是非常不利的。有一档叫作《职来职往》的节目，每一位来参加这个节目的求职者都不遗余力地亮出了自己的底牌，最后的结果又如何呢？他们赢得了用人单位的认可了吗？没有，事实证明，越早亮出底牌的人受到的质疑和非议往往就会越多。

可见别人看到了你的优秀，也参透了你身上所有的秘密，随时都可以以你之矛攻你之盾，到时候你措手不及、无法招架，往往要吃大亏。所以，初入社会的你，千万不要因为听到一点赞美和鼓励，就飘飘然，匆匆亮出底牌，不要给老板和上司挑剔你的机会，不要给同事攻击你的机会。记住，有意识地保留一点神秘地带，就等于给自己留了一条退路，静下来，懂得守拙之道，才能进退有余。

毕业于上海复旦大学的杨晓珊，刚刚入职就向大家宣布了自己跟财务部主管的表亲关系，为此赢得了不少注目礼。公司的员工都不敢得罪财务部主管，所以对杨晓珊分外照顾。看到那些老员工有意讨好和奉承自己，杨晓珊非常得意，她想自己是名校高材生，又是财务部主管的亲戚，谁敢不把她放在眼里，有了这张底牌，就像古人有了丹书铁券一样，以后的路势必畅通无阻。

事实和杨晓珊想象得完全不一样。过早亮出底牌给她招来了无数的麻烦。每次她工作上出现了纰漏，上司都会毫不留情地挖苦说："你以为自己毕业于复旦大学，又和财务部主管是亲戚关系，就了不起了，就可以在公司里作威作福，不认真工作了？"杨晓珊很委屈地回应道："我没有啊。自从进公司以来，我一直兢兢业业地工作，为什么我努力的时候你看不到，偏偏就爱挑我的毛病？"

"你的优势在我眼里全是劣势，记住，以后千万别拿着鸡毛当令箭，该做什么就踏踏实实地做好。我只看你的工作表现，不看你的文凭，也不管你有什么背景。"上司语气严肃地提醒道。杨晓珊叹了口气，应付了一声："我知道了。"然后便苦着脸继续埋头工作了。

过了一段时间，财务部主管被调到了分公司，杨晓珊瞬间失势了，同事对她再也不像以往那样热情了。有一天，在洗手间她听到两个同事在说悄悄话。其中一个说："那个杨晓珊有什么了不起，不就是有一纸光鲜的文凭吗？不就是仗着和财务部主管攀亲带故吗？自己一点本事也没有。现在财务部主管调走了，谁还会忌惮她呢？一个初出茅庐的学生，什么也不懂什么也不会，还自我感觉良好，让人看了就感到恶心。"另一个附和着说："你说得很对，看她那神气劲儿，活像一只到处显摆的开屏孔雀，真是让人讨厌。"杨晓珊听了，气得脸色铁青，她本来想冲到二人面前理论一番，头脑冷静下来之后，决定隐忍不发，她这才后悔过早亮出了底牌，心想假如她不到处显示自己的学历以及跟财务部主管的特殊关系，以正常的方式跟大家相处，也许就不会落得今天这样的下场，说到底，一切都怪自己，实在怨不得别人。

真正的顶级玩家，在玩牌的时候，都会毫不例外地把底牌扣住，不到最后时刻绝不把底牌亮出，所以才能做到赢家通吃。过早地亮出底牌，早早地把杀手锏泄露了出去，你的杀伤力和剩余价值也就所剩无几了。由此可见，深藏不露才是上上之策，轻易露出自己的底牌往往会输得很惨。

争强好胜，小心碰头

有的人天生争强好胜，总想把所有人都比下去，以此证明自己的优秀。看到别人在某些方面出类拔萃，马上不能冷静了，心中暗暗较劲，把本该同心合作的伙伴当成了一决雌雄的敌人，将所有心思都放在了内部的竞争上，千方百计地想要超越自己的对手，处处都想压对方一头，在造成团队内耗的同时，又把实力最强的竞争者逼到了自己的对立面上，无形中为自己树立了劲敌。

不可否认的是，人与人之间确实存在着竞争关系，在工作上锐意进取，希望通过自身的努力赶超别人，成为最具核心竞争力的人才，本来是无何厚非的。但过于强调竞争，缺乏合作精神，对身边的人缺乏最基本的善意，总想通过打压别人来凸显自己的了不起，处处逞强，就会给人带来极强的压迫感和威胁感，成为最不受欢迎的万人烦。

何晋是一个非常好强的人，无论做什么事情都要争第一．处处都要把别人甩在身后。他文笔很好，思路清晰，写得一手好策划案，在面试环节体现出过五关斩六将的锐气，显得才气逼人，在最短的时间里征服了面试官，成功的进入了一家大型知名企业。

老板和上司全都对何晋寄予厚望，没想到刚刚入职不到两周，他就做出了令人大跌眼镜的举动，在公司内部掀起了轩然大波。公司最近接了一个大项目，策划案由策划部负责人李斌负责。老板看了新鲜出炉的策划方案以后，大体感到满意，只是觉得有些细节还需要稍加润色，于是就把策划案交到了何晋手上，让他在修辞上略加润色一下。

何晋拿到策划稿以后，非常高兴，连夜加班修改。他想：李斌是公司里数一数二的人才，是策划部的主干，可文稿仍有瑕疵，老板把稿子交给自己，说明对自己分外信赖，自己绝不能放弃这么好的表现机会，一定要让老板认识到自己的才华远在李斌之上。润色稿件的时候，何晋故意做了大幅度的修改，把原来的内容几乎改得面目全非。修改过后，行文更加流畅优美，内容也更加饱满了一些，但基本框架没有改变，结构和创意还是延续了李斌原有的风格。

第二天，何晋立即把修改好的策划案交给了老板，还刻意发表了一番意味深长的讲话，声称稿子是他连夜加班赶出来的，他付出了很大的辛劳，假如还有什么不满意的地方，他愿意反复修改，直到改到无懈可击为止。然后又说，通过修改策划案，他感觉自己的能力已经不输李斌，足以胜任更重要的岗位了。面对这种毫不掩饰的邀功行为，老板不动声色，心里却极为不满。李斌在策划部做了十多年了，策划的方案深得客户赞赏，在业界也小有名气，何晋不过是一个初涉职场的菜鸟，就算有点才华，也断不能跟李斌相提并论，他居然想要取而代之，实在是太自不量力了。

何晋并没有猜透老板的心思，一个劲地暗示老板给自己升职加薪，老板没有一口回绝他，只是说以后可以考虑。何晋很得意，以为自己早晚会取代李斌的位置，成为公司最有价值的员工。此后每次李斌主笔拟写策划案，他都要暗暗重写一份，事后交给老板做对比，还总是挑李斌的毛病，把李斌拟写的策划案贬低得一无是处。在公开场合，他屡屡质疑李斌的点子，处处跟李斌针锋相对，试图在气势上占上风。李斌雅量，最初没跟他一般见识，后来实在忍无可忍，一怒之下就把他辞掉了。何晋马上傻眼了，他这才明白策划部的一把手是李斌，而不是他。他不甘心就这样灰溜溜地被扫地出门，赶忙跑到老板那里哭诉，老板认为一切都是他咎由自取，态度十分冷淡地说：“策划部一直都是由李斌来负责的，他有任免权，也有辞退员工的权力，我一般是不加干涉的。”

何晋只好垂头丧气地收拾东西走人，临走时身后响起了一阵嘘声，同事都跟着起哄，热烈庆祝他的离开，他这才明白什么叫作腹背受敌、四面楚歌，感到既羞愧又悲伤，恨不能找个地缝钻进去。

很多人认为处处要强，把所有的竞争对手击败，就能提升自己的身价，成为独树一帜的骨干人物，受到他人仰慕和雇主的青睐，殊不知在企业内部，合作的意义要大于竞争，没有别人的鼎力配合，即使你能力再强，业务再精，也终将会一事无成。为了爬上高位，争抢第一把交椅，落得失道者寡助的境地更是不值。

虽然我们生活在一个到处充斥着竞争的社会，但竞争并不代表人类存在的唯一形态，不要过分笃信成王败寇的冰冷法则，不要把人际关系的生物链和自然界的食物链混为一谈，任何时候都不要天真的认为，只要爬到了链条的顶端，就能俯瞰天下，人类社会远比你想象得要更复杂。最后的赢家未必是最好胜的，也未必是实力最强的，他们之所以能取得胜利，靠的不是你争我夺的残酷搏杀，而是巧实力和软实力，归根结底靠的是人心和人和两大要素以及令人敬佩的人格魅力。

做人要尽可能的谦虚谨慎

有句格言说得好："流星一旦在灿烂的星空开始炫耀自己光亮的时候，也就结束了自己的一切。"生活中，我们常看到某些人，取得了一点成绩，就不能冷静，开始得意忘形，逢人便到处夸耀，唯恐别人不知道，以为这样就可以面上有光，别人就能高看自己几分。其实这种想法是十分幼稚的。你洋洋得意地自夸，换不来别人的奉承和赞美，却极有可能换来嫉妒羡慕恨，一不留神就把自己变成了众人竞相攻击的活靶子。

大多数人都不想听你再三强调的得意之事，别人出于礼貌恭贺你，或者违心附和你，心里往往很不是滋味。因为你小有成就的时候，别人还处于默默无闻的状态，你的得意恰恰能反衬出他人的失意，你没完没了地自夸炫耀，无异于拿自己的成功与他人的失败一次又一次地做对比，一遍又一遍地刺伤对方的自尊心，在这种情形下，别人不可能发自内心地佩服你，只会越来越憎恨你、讨厌你，全都盼望着看到你倒霉失势的样子。

刘俊因为业绩突出，参加工作仅仅一个月就转正了，在短短一年的时间里，接连受到提拔，如今已经调到了总公司，成为了 HR 助理，薪水翻了一倍，可谓是前途无量。刘俊年少得志，颇为得意，动辄向别人炫耀自己的光辉履历，他本以为会得到同事们热烈的响应，没想到同事在听完了他的光荣业绩之后，一点也不激动，只是象征性地夸赞了几句，有时还顾左右而言他，一副爱听不听、爱理不理的样子。

刘俊碰了一鼻子灰，依旧没有改掉爱夸口的毛病。有一次，公司里的老张过生日，全体同事都赶去为其庆祝，刘俊也参加了。大家都知道老张最近很不顺，工作上出现了疏漏，被罚了一大笔钱，日子过得捉襟见肘，儿子目前正在读大学，学费没有着落，妻子卧病在床，没钱医治，日子过得要多惨有多惨。

同事提议举办生日宴会，主要是想借助为老张庆生的机会，多随些份子钱，帮助老张渡过难关。席间，大家尽量闭口不谈跟工作、事业有关的事情，以免给老张带来压力。同事们张口闭口谈论的都是一些鸡毛蒜皮的生活琐事，偶尔说几个无伤大雅的笑话活跃气氛，那天老张很开心，紧锁的愁眉终于舒展开了，觥筹交错间，大家说说笑笑，气氛非常热闹。

酒过三巡，菜过五味之后，刘俊终于忍不住了，又开始喋喋不休地讲述自己的光辉历史，诸如以最短的时间转正，屡受嘉奖，轻而易举地升职加薪等等，他越说越兴奋，俨然把自己当成了宴会上的主角，似乎把同事的寿宴当成自己的庆功宴了。有的同事实在听不下去了，干咳了两声，示意刘俊打住。刘俊却丝毫没有收尾的意思，几杯酒下肚，说话越来越不着边际，那副嚣张得意的表情，任谁看了都不舒服。

到了敬酒环节，刘俊不但没有说出任何祝福的吉祥话，反倒用揶揄的口吻说道：“老张啊，你现在年纪也一大把了，埋头苦干了这么多年，怎么还没有出头呢？都让我这个后来居上的年轻人赶上了。你就没好好反思一下，自己究竟差在哪里。我要是到了你这样的年纪，也混成这样，早就急得撞墙了。”“刘俊，你说什么呢?”有位同事强行打断了他的话，然后安慰老张道，“老张，你别介意，年轻人不懂事，取得了一点小成就就有点找不着北了。”

刘俊不高兴地说：“你有什么资格说我？份子钱我出的最多，因为今年的年终奖我比你们都高。你们不如我有本事，还不愿意承认。”老张是个老实人，没和他一般计较，反倒客气地说：“小刘，你确实年轻有为，叔佩服你，叔敬你一杯。”说完一饮而尽，心里要多难受有多难受，不知是因为被酒精呛到，还是因为被刘俊说中了心事感到痛苦，竟当场流下了两行清泪。

同事们见状，更加讨厌刘俊了，从此跟刘俊形同陌路，连招呼都懒得打。后来刘俊因为工作上出现了重大失误，被扣发了大半年奖金，还受到了降职处分，公司上下听到这个消息，莫不拍手称快，有的人幸灾乐祸地说："活该，看他以后还嚣张不嚣张。"刘俊滑入人生低谷，又屡屡受到嘲笑，心情压抑得不得了，想起以前风光的日子恍若隔世一般，如今公司又吸纳了两个精明强干的新人，他这才体会到老张当时的心情，很为自己当初的表现后悔，可惜世上没有后悔药可吃，他注定要为自己的行为埋单。

但凡静下来的人，对于昔日取得的成就，通常会轻描淡写，绝不会露出"春风得意马蹄疾"的狂态，更不会在失意的人面前大谈特谈自己的光辉历程，这样才能赢得大家的敬重和喜爱。要想在人类社会的金字塔上站得高、立得稳，不受攻击，广受欢迎，必须时时处处关照别人的感受，不要踩在任何人的肩膀上彰显自己的优秀，不要用别人的平庸和失败凸显自己的了不起，做人要尽可能的谦虚谨慎，得意时莫张狂，功成时莫自傲，平等友好地对待每一个人，永远不要改变自己的本色。

学会谦卑，懂得感恩

什么才叫静下来？有的人说胜不骄败不馁，有底气，够大气，其实这样还不够，真正静下来的人，从来不会被突如其来的荣耀冲昏头脑，更难得的是他们乐于与他人一起分享功劳和胜利果实。因为蛋糕是大家一起做出来的，作为集体智慧的集大成者，自己在享受劳动成果的时候，不忘别人的辛劳，这是做人的本分。名人在上台领奖，发表获奖感言的时候，都会感谢公司，感谢身后的团队，感谢那些默默付出的工作者，别以为这是华而不实的陈词滥调，不值得效仿，其实这恰恰是我们该认真学习和揣摩的事情。

如果你取得了一点小小的成绩，在表彰会上受到了特别的表扬，得到了丰厚的奖赏，你会怎么做呢？是一个人独享荣耀，还是跟大家一起分享成功的喜悦？不成熟的人会想当然的认为，能有今天的成就，全靠自己一个人默默地努力和奋斗，与别人有什么相干呢？别人有什么资格跟自己分享功劳？而真正有气度的人则会像站在领奖台上的名人那样，当场发表一些肺腑感言，感谢上司的指导、提拔，公司的栽培，感谢同事对自己的支持以及平时的配合，这样做不是为了完成某个列行公事或者收买人心，而是为了消除隔阂，确保日后与他人能够更加融洽的相处。

其实，任何一次成功，任何一次成就的取得，都是集体智慧的结晶，最后总有某个表现突出的人成了最大的受益者，那个人可能就是你。当你赢得鲜花和掌声的时候，请记住，你的功劳里也包含了别人的辛劳和心血，你自己吃蛋糕的时候，也要让别人闻着香。你若意识不到这一点，就会与所有帮助过你、支持过你的人产生无法弥补的隔阂，以后彼此会变得越来越生疏，别人还有可能对你产生隐隐的敌意。

试想一下假如公司上下一起参与了一个项目，唯有你受到了老板的嘉奖，你欣然领受所有的赞美和犒赏，忘记了上司对你的点拨，忘记了同事在分工合作中所做出的贡献，忘记了你背后的团队夜以继日奋战的事实，公司上下会怎么看你呢？

丁悦由于业绩突出，在年会上受到了特别的表彰，提起一年来的表现，老板对他几乎用尽了溢美之词，说他年轻有为，敢想敢干，给公司做出了巨大贡献，假如每个员工都像他那样能干，那么公司的发展必定能蒸蒸日上。总之，丁悦是个不可多得的人才，有了他这样的左膀右臂，任何一个老板都会省心。

热烈表彰之后，老板当着全体员工的面，给丁悦颁发了巨额奖金，还给他另外发了一个大红包。在大会上，主持人用热情洋溢的语调请他谈谈工作心得。他接过话筒，说自己作为一个新人，为了熟悉业务，每天都在学习知识、积累经验，一年来吃了不少苦头，从一个最基层的员工，一步一步地走到了今天这个位置，能有今天的成就，都是自己默默耕耘的结果，接近尾声时，他慷慨激昂地说："如果你想脱颖而出就必须靠自己，任何人对你的帮助都是有限的，不要幻想着别人会助你一臂之力，不要对别人抱有太多期待，你唯一能依靠的就是你自己。当你真正成长起来的时候，回顾往昔所走过的路程，想起当年每一步走的是多么艰辛，如今所有的苦涩都化作了甜蜜，所有辛苦的付出都有了超值的回报，你会发自内心地感受到，一切都是值得的，你会由衷地敬佩自己，感激自己，甚至想向全世界宣布，"我做到了！"

说到动情处，丁悦激动得热泪盈眶。可是台下的人听了这番话全都感觉不是滋味。上司心想：没有我的提拔，丁悦这个新手就算有天大的能耐，也不可能在短短的一年内获得如此突飞猛进的进步，更不要说从一线员工升格为高级销售助理了，他居然说任何人的帮助都是有限的，一切全靠他自己，真是太自以为是，太狂妄了。老员工心想：他只知道钦佩自己，感激自己，却忘记了他刚来公司的时候什么也不懂，还不是我们这群老人手把手地把他带起来的，现在他翅膀硬了，自己能飞了，就把大家全忘了。

大会结束后，丁悦一个人悄无声息地走了，既没有跟大家打招呼，也没有提议一起出去庆祝一下。大家嘴上不说什么，心里却极为不舒服。从此上司总是有意无意地刁难他，同事也慢慢跟他疏远了，工作上故意与他为难，很快他就变成了孤家寡人。他脸上的笑容消失了，取而代之的是一脸怨恨之色，苦熬了一年之后，他实在在公司里待不下去了，只好带着满心的怨愤黯然离开。

当你春风得意时，要学会谦卑，懂得感谢和分享，千万不能一个人独揽荣誉和功劳，因为那样做，会让你在最短的时间内失去人心。要知道你站得更高，走得更远，往往意味着迅速拉大与别人的距离，如果你过于高傲，过于自我，看不到别人对你的友好帮助，否认别人的默默付出，只是一味地强调自身的价值和贡献，自然会引起公愤。没有了众人的支持和拥护，即便你有再大的能量，也不可能永远绽放光芒。等到你被整个团队所唾弃，那么离失败也就不远了。

固执己见是不能冷静的表现

一个人如果自视甚高，在听到不同声音时，往往就会不能冷静，非常容易与周围的人发生摩擦。有的年轻人喜欢一意孤行，拒绝采纳别人的建议，一味按照自己的意志行事，经常和上司、同事争论短长，试图让对方接受自己的观点，表现得非常固执，被评价为冥顽不灵，得罪了很多不该得罪的人，丧失了很多重要的发展机遇。

有时候固执己见，过分强调个人意志，就是不能冷静的表现。任何一个领域的佼佼者，即便树立了自己的权威，也照旧要倾听别人的声音。古代的帝王尚且广开言路，听从忠臣的逆耳之言，科学界的泰斗在有了重大发现、提出颠覆性的理论之后，尚且要忍受质疑的声音。作为一个新手，实在没有必要坚持己见。你的固执不会给你带来任何好处，只会让你失去良多。

在客户面前，你固执己见，无视对方的要求，就会丧失签订订单的机会；在上司面前，你固执己见，无视对方的命令，就会被冷处理，丧失晋升的机会；在同事面前，你固执己见，完全不把对方的话放在心上，就会与人交恶，引来无数的纷争。

韩亮是一个很有想法的设计师，平时非常有主见，性格比较强势，只要他认定的事情，任何人劝说都无效，他总能从专业的角度出发说服反对他的人，即便说服不了对方，他也绝不会修改设计方案。有一天，他花了一个多小时设计出一个标识，浪费了整整两个小时的时间，说服所有人接受他的设计方案。他说得口干舌燥，别人听得云里雾里，结果只有三分之一的人勉强认可了他的设计，团队中的其他人都觉得这个方案不妥，需要做出调整和修改。

韩亮不服气，声称不愿再跟那群不懂设计的人浪费唇舌，直接找到设计总监理论，设计总监看了看，态度中肯地说："你这套方案虽然符合美学标准和艺术审美，但是与基本的商业理念相背离，不适合传播。这样吧，我先把它发给客户，看看对方怎么评价。"第二天，设计总监主动找到韩亮说："我跟客户沟通过了，客户跟我的看法相一致，觉得你设计的标识不能突出产品的特点，辨识度不高，不符合商业传播的理念，所以不予通过，希望你能重新设计出一套方案。"

韩亮听了，不以为然地说："客户懂什么，他们只知道什么叫市场，根本就不清楚什么叫设计。我觉得我们不能一味地听从客户摆布，而应该站在设计师的立场说服客户。"设计总监说："设计本身就是艺术和商业的结合体，我有艺术视角和设计知识，客户有敏锐的市场嗅觉，既然我们都认为这套方案不成功，说明它确实存在问题，你回去好好斟酌一下，争取拿出更好的方案来。"

韩亮还是坚持自己的那套看法："我觉得没有什么不妥之处，你们不欣赏我的设计，并不意味着它就是败笔。"设计总监只好说："好吧，标识设计的工作我会吩咐其他的设计师来做，你帮着把把关就行了。"

韩亮不甘心被踢出局，一味地干涉他人的工作，想方设法说服同事按照自己的要求设计标识，同事觉得那样不妥："总监跟我说，你原来的那套方案客户不认可，我必须设计出全新的东西来，不能按照原来的思路设计标识。”“你就在原来的基础上稍微改改就行了，没有必要推倒重来。”韩亮又说。同事不胜其烦，不想和他理论，继续埋头做自己的工作。

设计总监得知韩亮的所作所为之后，为了不让他干扰他人的工作，又给他分配了其他任务，让他给产品说明书配置插图。韩亮为了凸显自己独特的设计风格，把关键数据全都设置成了夸张的字体，文案看了很不满意：“你这样处理数字，数据全都看不清楚了，这样一来，文案就没有说服力了。”韩亮说：“有些数据不过是装饰，不一定都要看清楚。”“每一个数据都必须清清楚楚。”文案再次强调道。

韩亮不予理会，坚决不肯对数据字体做出合理修改。文案很恼火，直接把相关情况反映给了设计总监，设计总监彻底失去了耐性，语气生硬地对韩亮说：“这里是公司，你不能由着自己的性子胡来，如果你改不了自以为是的毛病，那就请另谋高就吧。”韩亮半晌没有吭声，默默地把数据的字体全部修改了。

在我们身边，从来就不乏这样的悲情人物：虽然他们看上去并不愚钝，却非常爱犯一些低级的错误，总是执拗地坚持那些不成熟的见解，任别人怎样苦口婆心地劝说，也不肯悔改，即便受尽冷遇，处处碰壁，被撞得头破血流，依旧不肯回头。那么他们为什么要那么做呢？原因在于，有的人惯于把自己的想法当成真理来维护，不愿意做出任何妥协和让步，反对声越大，阻力越大，意志越是坚定，宁愿在错误的道路上狂奔，也不愿低头认输，这类人往往比故步自封、顽固守旧的人更加不受欢迎。

为了争一时之气，坚定不移地维护谬误，是一种极其幼稚的表现，不符合最基本的生存之道，真正的聪明人既能充分表达自己的意见，又懂得尊重别人的建议，为人处世讲究分寸，绝不充当“怪咖”“异类”的角色，故而能够与他人和谐相处。只从自己的喜好考虑问题，毫不理会团队的利益和他人的想法，往往会给人留下自私、怪诞、不可理喻的糟糕印象，很容易被踢出局。

不要做被人一眼看穿的精明人

我们常以一个人是否精明来判断这个人是否有本事，精明和强干常常被联系在一起，似乎成大事者天生不同凡响，天生聪明干练。那么精明是不是一个人最大的资本呢？坦白说，不是。因为精明的人，大多不能冷静。人太精明，太爱算计，在蛋糕和奶酪面前，往往就容易失态，为了多占点便宜，多得点实惠，不惜利用他人、伤害他人，扮演害群之马的角色。对于这类人，我们都会采取避而远之的态度，根本不会给予对方从我们身上榨取价值的机会，所以精明的人能获得的好处是非常有限的。

城府极深的人或许懂得掩饰自己的精明，知道该怎么揣着明白装糊涂，整天披着高明的伪装，在某一历史时期，这类人或许能左右逢源、发展得顺风顺水。但正所谓“路遥知马力，日久见人心”，别人早晚会看穿他们的庐山真面目。生活中，深藏不露的精明人是少见的，大多数的精明人，会被众人一眼看穿，当然也会在最短的时间内被疏远。

我们常看到这样一种人，他们拥有聪明的大脑，快速的反应能力，一流的口才，极强的幽默感，周围总是充满欢声笑语，似乎很得志，然而事实并非如此。别人与他们的交往都是浅尝辄止的，或许是因为看不惯他们的油滑，或许是因为不想充当被利用的工具，人们基于自己的好恶或出于自我保护的目的，有意识地远离了他们，纷纷把憨厚的老实人发展成了朋友。

精明人最大的毛病就是没有共赢观念，一贯的自以为是，总想好处全占，让别人倒霉，这样的人怎么可能受欢迎呢？即使得了天时地利，也得不了人和，最后必定败在自己的精明上，不可能成就大业。在大多数情况下，人们宁愿与傻瓜为伍，也不愿与精明人深入交往。其实，人太精明，往往真心朋友不多，能调动起来的人力资源非常有限，只能靠利益交换的方式拉拢少量人，一旦失去了利用价值，就会被无情地踢出局。所以。千万不要崇拜这类人，更不要以身效法，以免陷入聪明反被聪明误的棋局。

纪霖大学学的是法律专业，他常对弟弟说："我将来要成为一名律师，游刃有余地钻法律的空子，漂漂亮亮地打几场大官司，在 30 岁之前声名鹊起，过上别人想都不敢想的好日子。"弟弟总是听得一脸茫然："我还以为你们学法律的人会认为法律是至高无上的呢，愿意尽最大努力维护法律的公平和正义，没想到你居然有这种想法。"纪霖摸摸弟弟的脑袋说："你还小，有些事情你不懂，长大了就明白了。"

令纪霖没想到的是，法律系的毕业生工作不好找，他没能顺利进入律师事务所工作，被迫转行了，进入了一家互联网公司，成了一名网络编辑。不过他仍然认为，法学的知识没白学，他觉得法律条文百密一疏，总有空子可钻，一名律师若是懂得钻营是很容易上位的，现在他要把这套理论活学活用，用在复杂的人际关系上，打算在人际关系网上找漏洞，争取以最小的代价达到笼络人心的目的，让更多的人为自己所用。

最初，纪霖把自己隐藏得很好，丝毫没显露出狡猾的本色，对待每一位同事都很热情，加入公司没多久，就和大家打得一片火热。但好景不长，别人很快就看穿了他的真面目，纷纷疏远了他。表面上，大家还是和和气气的，照常打招呼，私下里却很少接触了。提起纪霖，全都一脸不屑，谁都不想再和这样的人有什么瓜葛。

刚入职两个星期，纪霖就做出了令人难以容忍的事。下班之后，他隔三岔五地请老员工吃饭喝酒，故意把对方灌醉，从中套取了不少创意。事后将对方的想法应用到了自己的工作上，无耻地剽窃了别人的创意。老员工发现之后，非常气愤，但苦于没有证据，实在拿他没辙，只好自己认倒霉了。

这件事发生以后，所有人都不敢和纪霖在一块用餐了，有的饭局实在推脱不掉，席间也是以茶代酒，谁都不敢跟他推杯碰盏了，讲话全都非常谨慎，生怕被人套话。纪霖这才发现不对头了，意识到自己被大家孤立了，于是就佯装伤心地问一名老员工："我真不明白，大家为什么都讨厌我呢？我究竟做错了什么？"

老员工直言不讳地说："小纪呀，你这个人聪明，脑筋活络，又会说好听话，刚来的时候大家都挺喜欢你的，不过你人太聪明了，总想自己得好处，让别人利益受损，就不招人喜欢了。"纪霖这才明白，原来聪明也会成为一种负担，在某些时候，人太精明，反而对自己不利。

如果漂流到了一座人迹罕至的偏僻小岛上，只允许你带三样东西，你会选哪些东西？很多人说：一棵高大的柠檬树，一只健康的母鸭子，一个善良淳厚、毫无心机的傻瓜。为什么不带聪明人，非要带上傻瓜呢？聪明人不是更懂得生存之道吗？确实，他深谙此道，知道岛上资源有限，所以会独吞柠檬，杀掉鸭子，一个人吃肉，任由你挨饿受渴。带上傻瓜就不一样了，柠檬结了果实以后，他会把种子埋在土里，种更多的树，有了收获之后，愿意和你一同分享劳动成果，还会把鸭子喂得又肥又壮，让你天天都有鸭蛋吃。最重要的是，他永远不会算计你和伤害你，真心出把你当朋友。

把我们的社会想象成那座小岛，我想你的想法也不会改变，本性纯良的傻瓜确实比喜欢算计的精明人更适合做朋友。这就是有些人聪明绝顶，却无法聚合人心，事业总是失败，有些人愚憨老成，不懂复杂的交际规则，却广受欢迎，关键时刻总有人鼎力相助的根本原因吧。老实人没有私心邪欲，往往更能静下来，不与任何人争抢奶酪，最后反倒能收获比奶酪更宝贵的东西，所以做人做事还是多学学老实人吧，别去仿效那些令人讨厌的精明人。

做人不能太任性

生活中，我们常听人说现在的年轻人太任性，遇事不能冷静，平时想怎样就怎样，非常自以为是，从来就不考虑自己的行为会造成什么影响，也不在乎个人形象与周围环境是否和谐搭调，只在乎自己高不高兴。这是为什么呢?

答案很简单，在这个推崇个性的时代，每个年轻人都想活出与众不同的自我，为了标榜个性，刷新存在感，证明自己是独一无二的存在，他们想方设法标新立异，染发、纹身、穿奇装异服，在身体上打洞，戴着银光闪闪的手链、脚链招摇过市，张口闭口都以“我”字为开头，毫无顾忌地展露自己的真性情，以为这样很酷。

个性张扬的年轻人面试时很容易被贴上任性的标签，然后被直接刷掉，就算侥幸躲过了面试官挑剔的眼光，顺利被录取，以后的日子依然步步惊心，毕竟不是所有人都能包容那些不和谐的元素，作为一个新手过早的鹤立鸡群，绝对不是一件好事。

少不更事的年轻一代普遍不明白，自己只想保留个性而已，为什么会被解读成任性，为什么不被社会所容，个性和任性的界限究竟在哪里?有的人受到批评指责时，马上不能冷静，认为上司和老板是在有意抹杀自己的个性，事实果真如此吗？其实不是。不是社会包容不了个性，而是由于心智不成熟，你曲解了个性的含义，个性是指一个人在行为方式、思想意志、个人偏好等方面有别于他人的鲜明特质，它是一种内在的东西，每个人都生而有个性，无需通过一些夸张的外在形式来刻意标榜。

任性是指只按照自己的想法行事，我行我素，做事从来不考虑后果，不在乎他人的感受，这种做法当然不受欢迎。

把任性当成个性，就会处处碰壁。社会能包容大多数人的个性，但却从不纵容任性。企业不是个人秀场，它需要的是成熟、稳重、实干的员工，而不是那种特立独行，与企业文化格格不入，不能融于团队的新新人类。如果你不能适应环境，就会被大多数公司拒之门外，即便跌跌撞撞迈进了某家企业的门槛，也会因为表现失当，不断受到打压和排挤。

张琦是一个毕业于名校的高材生，履历光鲜，文凭过硬，专业又好，按常理说，像他这样出类拔萃的年轻人理应成为各企业竞相争抢的人才才对，可是毕业大半年了，竟然没有一家企业愿意跟他签约，在试用期结束之前，不是企业解雇了他，就是他任性裸辞，奔波劳碌了那么久，他依然没找到一处立足之地。

张琦工作能力尚可，基本上没有犯过令人难以容忍的错误，之所以不被企业接纳，主要是因为他太任性，与周围的环境极不协调，还频频与上司、同事发生冲突，不能配合他人的工作。有一天，公司派他去洽谈业务，他穿了一条带洞的牛仔裤和一双人字拖便摇摇晃晃地出场了，言行极为随意，给对方留下了非常不好的印象。事后经理严厉批评了他："在这么重要的场合，你就不能穿正装吗？你代表的不是你自己，而是公司。"

张琦不服气地说："我只代表我自己。公司是公司，我是我。"经理说："一个员工能反映出企业的精神风貌，这点道理你都不懂吗？""我不懂。"张琦任性地梗着脖子，就是不肯认错。经理彻底失去了耐性，索性将他打入了基层，从此再也没派他洽谈过业务。

张琦很是郁闷，索性破罐子破摔，工作态度越来越差。由于自视甚高，他不屑与基层员工为伍，每次分配工作任务都非常不配合，平时员工聚会也不参加。大家都觉得他很狂妄，全都讨厌他。

张琦却满不在乎，继续我行我素，他把大部分时间和精力都投放到了打扮上，每隔几天换一次发型，时而偏分，时而中分，时而打着发蜡，把头发抹得油光可鉴，上班时间不肯穿工作服，无聊的时候就唱歌或玩手机，同事提醒过他好几次，让他收敛一点，他却振振有词地说："这叫个性，人年轻的时候必须有个性才叫活着，你懂不懂？"由于不听劝告，总是任性妄为，张琦越来越不受欢迎，最后在公司裁员的时候第一个被裁掉了。

请记住，恪守规则永远比放纵不羁受欢迎，有时候适度地约束自己，能体现出一个人的教养以及最基本的职业素养，这样做不仅能帮助你赢得上司和客户的好感，还能让你更好地融入群体之中，依靠集体的智慧和资源，取得更大的成就。反之，你就会失去平台和资源，成为所有人讨厌的对象，失去安身立命的机会。

你可以保留自己的个性，但不能太过任性。在家里，父母视你为掌上明珠，可以包容你所有的毛病和缺点；在学校，老师和同学宽容大度，从不与你计较；到了社会上，环境发生了翻天覆地的变化，别人不会容忍你不合时宜的行为，更不会任由你骄纵任性，你若不肯改变，继续放任自己，必将赌上一辈子的命运和前程，永远都不会有出头之日。

春风得意时，一定要静下来

人类在天性上就有一种好卖弄的倾向，只要自己在某一方面格外突出，就迫不及待地想要彰显给别人看，唯恐天下人不知，这是骨子里的优越感在作怪。优越感太强的人往往都不能冷静。很多年轻人在没有实战本领的情况下，偏偏忍不住要到处显示优越感，骨子里透着一种与生俱来的骄傲，自以为头顶学霸光环，曾经有过光鲜的履历，在校园里做过叱咤一时的风云人物，就能赢得他人的钦佩和认可，结果往往事与愿违，招来了不少人的反感。

但凡静下来的人都会不遗余力展现自己的亲和力，从不居高临下，从不妄自尊大，即便在某些方面真的高人一筹，也不会招人厌。所以从某种意义上说，一个虚怀若谷、平易近人的人通常是没有敌人的，人之所以处处树敌，多半是因为自己为人处世的方式存在严重问题。你可以优秀，但不能在言行和眼神里，处处显露出高人一等的优越感，因为对别人来说，那是挑衅和轻视的信号，没有人可以忍受这种被羞辱被蔑视的感觉，你无视别人的感受，整天沾沾自喜，自鸣得意，当然会引发别人的敌意。

法国哲学家罗西法古曾经说过："如果你要得到仇人，就表现得比你的朋友优越吧；如果你要得到朋友，就要让你的朋友表现得比你优越。"这句话的确是至理名言。与某些老员工相比，你的学历更高，反应能力更快，接受新事物的能力更强，可能会被雇主当作专业人才重点培养，在这种时候千万不要优越感爆棚，不把资深的老员工放在眼里，因为那样做，以后你就有可能成为众矢之的。

吴涛毕业于浙江大学，研究生学历，在学校各方面的表现出类拔萃，被誉为新时期的江南才子。他刚刚参加工作，就受到了老板的格外重视，被当作企业重点培养的对象。实习期刚过，老板就放心地把好几个重要的项目交给他来做。吴涛不仅具有扎实的理论知识，动手能力也很强，脑筋非常活络，几乎能现学现用，所以才会被慧眼识才的老板信任和看好。假如他能和公司里的老员工打成一片的话，在大家的通力配合下，肯定能如期完成老板交给自己的任务。

问题在于，吴涛不知道该如何跟老员工打交道，他觉得某些老员工喜欢倚老卖老，不好相处，其中有不少人嫉妒他，故意处处刁难他，不肯配合他，在这种不友好的氛围中工作，真是一件痛苦的事情。有一天有个老员工因事请了一天假，资料整理了三分之二就走了，吴涛很生气，等那位老员工复工的时候，忍不住指责道："你没听说过'今日事今日毕'吗？你就不能晚半个小时再离开吗？知不知道你那么做，拖慢了整个项目组的速度？"老员工不客气地回敬道："小伙子，你才来公司多久，对项目又了解多少呢？我吃的盐比你走的路都多，项目该以什么样的速度进展，我比你更清楚，你有什么资格教训我？"

另外一名老员工用同样的口吻说："人家可是研究生，学问大得很，瞧不起我们这群文化水平低的老人。"吴涛刚想反驳，又有一位老员工挖苦道："人家年轻有为，才高八斗，学富五车，又是老板面前的红人，哪像我们这些人，光长岁数不长能耐，他看不起我们是有道理的，他一个人就能把所有的项目搞定，根本用不着我们这群老废物。"接下来的时间里，老员工们故意拖慢工作进度，无论吴涛怎么催促都没有用。最后项目被延迟了一个多月才完成。

老板追究责任的时候，吴涛很委屈地说："我已经使出洪荒之力了，错不在我，是那群老员工故意消极怠工，我实在拿他们没办法。"老板叹了口气说："小吴啊，你很聪明，又有自己的想法，身上有一股钻研精神，比较适合做项目开发工作，美中不足是不知道该怎么领导团队，不知道怎么跟老员工和平共处，这说明你还有些稚嫩，需要更多的历练。”说完就把吴涛下放到了基层，让他从技术工种干起。吴涛从云端跌落到了低谷，心情无比郁闷，坚持不到两个月，就黯然离开了公司。

春风得意时，一定要静下来，千万不能趾高气扬，平时多多虚心向老员工请教，让对方意识到你是晚辈，资历远不如他们，实战能力还有所欠缺，乐于以他们为师，愿意诚心实意地向其求教。总之，尽可能地把优越感让给对方，这样别人就不会把你当成威胁了，日后也许会处处帮助你、提点你。

记住，不要轻易质疑身边同事的学识和能力，或许他们在某些方面确实不如你，但作为久经磨砺的沙场老将，他们的阅历和经验远比你丰富，虚心向对方取经，你不仅能吸纳更多有用的知识，汲取更多的实战经验，还能在教学相长的学习过程中，让对方感觉到你的敬意和尊重，消解彼此之间的矛盾和敌意，创造出和谐融洽的人际氛围，为自己营造更有利的生存环境。

第四章

静下来，成大器：低调比高调更易于成就人

俗话说：地低能纳海，人低可成王，低调比高调更易于成就人。低调，是一个成大事者必备的素质，只知道昂首向天，不知道亲和大地，就会轻浮无度，让生命变得没有厚度。

静下来的人，普遍有傲骨无傲气，身处高位不彰显尊贵，实力超群、壮心不已，不轻易外露，有强者的姿态却无强者的霸气，从不越俎代庖，更不会恃宠而骄，懂得自嘲示弱，能放低姿态，收敛锋芒，平等待人，靠美好的德行赢得他人的敬佩和认可。

放低姿态，你将赢得更多

李光耀说，人类是不平等的，人人平等是一种不现实的想法。的确，竞争导致了分化，人在经济地位和社会地位上是不平等的，差异化随处可见。故而有身份有地位的强势群体，会热衷于摆架子，以此来凸显自己的尊贵。殊不知，架子只是一种华而不实的包装，而职位、身份不过是附加在生命以外的东西，它不能证明你是怎样的人，也不能提高你的身价，你若时时端着架子，很多事都办不成。只有放下架子，放低姿态，你才能走上一往无前的坦途。

摆架子是顷刻就能做到的事，放下架子却不容易做到。其实，人放不下架子，不能冷静，站在高处便飘飘然，是因为不能正确认识自己，不能正确看待别人。从古至今，尊贵者为了显贵，做过一系列令人啼笑皆非的事情。比如俄国的沙皇为了凸显皇家至高无上的权威，坐在马桶上与大臣们议事；贵妇为了凸显高贵的身份，见客时裹着棉被泡澡。他们之所以这样做，旨在强调地位卑微者仅仅是一个摆设，完全可以形同虚设，故而不怕展露龙体或玉体。以现代人的眼光看，这些自恃高贵的人，是在以一种奇葩的方式自取其辱。

自恃尊贵、贬低别人，侮辱的不是别人，恰恰是自己。总想与别人泾渭分明，不屑于与庸庸大众为伍，一心想着如何巩固地位、权威，随心所欲地驾驭别人，呼来喝去地发号施令，这样做不但不能凸显自己的高贵与特别，却有可能让自己更快地成为曲高和寡的孤独者。人们或许会暂时屈服于淫威，却不会真心追随这样的领导者，也不会心甘情愿地受制于人。故摆臭架子的人，多成不了大事，因为他们不懂得“水能载舟，亦能覆舟”的道理，不知道人和的重要性，做人不能冷静，过于心浮气盛，终有一天会被集体所弃。

秘书潘利正在低头翻看文件，刘副总忽然气呼呼地冲进来喝问道：“你刚才发送的邮件，内容究竟是谁确定的，请示过我吗？没经我批准，怎么能擅作主张呢？”潘利一时没反应过来。刘副总用不容置疑的语气催促道：“你不能乱发邮件，现在马上按照我的意思修改。”潘利一脸茫然，随口便问：“怎么改？”刘副总说：“按照我在会议上的发言改。”潘利根本就没参加那次会议，不知道该怎么做。刘副总一句都没解释，便转身走开了。

过了一会儿，刘副总又气势汹汹地冲到了潘利的办公桌前，大声质问道：“你是怎么回事？还愣着干吗？我不是叫你改邮件吗？你怎么还不动手修改？”潘利刚要开口解释，刘副总怒吼道：“你马上给我站起来，究竟懂不懂规矩？居然坐着和我讲话。”潘利赶忙站了起来。刘副总继续用雷霆般的声音大声说：“我刚才给小李打了电话，他说让我确认项目负责人的事。这究竟是怎么回事？你是在谁的授权下发送邮件通知的？你必须给我解释清楚。我是小李的上司，为什么小李被任命为项目负责人了，而我却成了项目组协助成员？简直就是胡闹。你快点把邮件改好，除了职务要修改，项目的内容也要修改，必须把我在会议上的发言一条不落地写进去。”

潘利感到一阵阵发懵，不明白刘副总为什么那么大火气，这封邮件已经通过了总经理审批，内容完全没有问题，难道是人事任免上又出现了变动？她当时无法作出准确的判断，只好用求证的口吻问：“刘副总，您的意思是把项目负责人的名字由小李改成您，对吧？”刘副总听到这话，更加火大：“把我的名字删掉，删掉！”潘利只好照办。

刘副总余怒未消：“关于项目负责人的事，你为什么没及时通知我？他们选了小李，你怎么不提前告诉我？”潘利解释说：“这件事是今天上午才确定的，邮件通知是按照总经理的意思拟写的，您昨天和今天上午都不在办公室，我给您打过几个电话，您关机，没法联络到您。如果这件事给您造成了困扰，我向您道歉。”

“既然这样，我第一遍问你的时候，你怎么不说清楚，为什么拖到现在才解释?”刘副总又问。“我还以为人事任免出现了变更，刚才才搞清楚状况。”潘利说。刘副总没什么可说的了，气呼呼地走了。潘利第一次被人吼，心里很不是滋味，同事们都盯着她看，她强忍住没哭。惊魂甫定后，她继续埋头工作。孰料不到半小时，刘副总又怒气冲天地冲了过来，把桌子拍得啪啪响：“你眼里到底有没有我这个领导？我是公司的副总，你得鞍前马后地为我服务知道吗？你不尊重我，以后还会有好果子吃吗?”骂完还不解气，随手把办公桌上的文件撕成了碎片，扬了潘利一脸：“你不过是个整理文件的，要摆正自己的位置。”

潘利不清楚自己做错了什么，居然受到这样的对待，在她头脑发懵的时候，总经理从办公室走了出来：“摆不正自己位置的人是你，而不是别人。知道我为什么让小李担任项目负责人吗？因为他比你更懂得凝聚人心。你除了会耍威风以外，还擅长什么？手下的员工几乎全被你得罪光了，我怎么放心把项目交给你做？邮件的内容是我审批的，你干吗要为难潘利?”“你有没有搞错，我是你的左膀右臂，她不过是个马前卒，你居然为了她批评我?”刘副总不解地说。

“就你这种态度还怎么带团队？公司已经被你搞得乌烟瘴气，你要是不能端正态度，就离开团队吧，我不能为了你一个人把人心搞散了。”总经理对刘副总下了最后通牒，刘副总愣在那里，半天没有反应过来。

静下来的人，从不摆架子。即使身在高位，享尽荣光，受尽吹捧，他也不会忘记自己的本色。因为他明白架子并不能凸显自身的尊贵，反倒会令自己跌价，自命不凡、狐假虎威是极其愚蠢的。虽然由于社会分工的不同，人在身份地位上是不对等的，但人格是平等的，人本没有高下贵贱之分，别把自己看得过于高高在上了。

你的尊贵感是职务赋予给你的，这不代表你本身就比别人尊贵。放下架子，做个平易近人的人，靠人格魅力和超凡本领让别人折服，远好于摆架子、滥施淫威，靠强力手段压服对方。要知道哪里有压迫哪里就有反抗，人心散了，权威的魔力光环也就消失了，到时你的权力也就被架空了，想摆架子也摆不成了。

人不可有傲气

著名艺术大师徐悲鸿曾经说过：“人不可有傲气，但不可无傲骨。”这句话告诉我们，人必须有志气有骨气，要活出风骨，但不可有傲气。人无傲骨，就没有不屈的脊梁，没有凛然不可侵犯的尊严，没有坦荡的胸襟和高贵的灵魂；人有傲气，就会不能冷静，妄自尊大、咄咄逼人，给人以傲慢不逊的感觉，招人厌烦。

傲慢心对人际关系伤害很大。人与人之间发生的很多摩擦冲突，都与傲慢心有关。当你心中有了傲气，那种看不起别人的神色会时不时地表露出来，所有同你打交道的人，都有一种被看低的不悦感觉，怨气就是在这种情况下生成的。

程彦在一家小公司里担任项目部主管，最近听说老同学廖威失业了，便主动介绍他来自己供职的单位上班。廖威刚来公司时，在人事部当助理，干了没几天，程彦便向老板提出，将其调到自己的部门，理由是两人是同学关系，彼此相熟，配合默契，有利于工作的开展。老板不假思索地答应了，廖威便成了程彦的属下。

廖威本以为老同学会关照自己，没想到程彦不但不帮他，还处处刁难他，每次分配工作都把最棘手的任务交给他做，设定的截止期限非常不合理，导致他没有办法如期完成工作。每次只要出现一点细节上的疏漏，程彦便会借题发挥，劈头盖脸地把他臭骂一顿：“别以为咱俩是同学关系，我就会对你格外关照，我这个人对所有的人都一视同仁，你犯了错误我照样要批评，触犯了公司规章制度，我照样要责罚。”“如果你真能做到一视同仁的话，我真的无话可说。”廖威淡淡地说了一句，便不再争辩了。

其实程彦一直非常看不起廖威，两个人毕业于同一所高校，家庭背景类似，起点完全一致，他已经凭借自身努力升到了项目主管的位置，而廖威一点长进也没有，在四年的时间里先后失业了三次，眼看快30岁了，还在到处找工作。程彦心想，要不是自己可怜他，给他提供了一次就业机会，他还不知道猴年马月才能找到栖身之地呢。由于种种原因，程彦从骨子里蔑视廖威，认为对方永远不配跟自己平起平坐。如今他成了廖威的直属上司，忍不住要想方设法敲打廖威，以此来显示自己的威风。

廖威最初忍气吞声，不敢顶撞程彦，时间长了，觉得这种寄人篱下的生活简直难以忍受，最后只好向老板说明情况，要求调到别的部门工作。老板又把他调回了人力资源部门。若干年后，廖威成了人力资源部门的主管。公司的规模逐渐扩大，设置了好几个分部，总部搬到了北京。程彦非常渴望到北京发展，这才想起了老同学廖威。因为以前彼此有过嫌隙·程彦不好意思面见廖威，于是便派下属传话给廖威说，希望他能在工作调动方面助自己一臂之力。廖威回复说叫程彦亲自过来面谈。

程彦备上了厚礼，客客气气地招待了廖威，席间多次提及大学时代的往事，不停地叙旧，希望廖威念在同学的情分上，忘掉之前的不快。廖威说：“以前我在你眼里就是一坨屎，你踩我都嫌我脏。现在你怎么又想起同学之间的友谊了呢？你不是说过，不会因为咱俩是同学关系，就对我额外关照吗？现在，我要把同样的话还给你。”

“你怎么那么小气？这件事都过去多少年了，你还记在心里，我现在不是已经给你赔不是了吗？”程彦说。“我就是想让你感受一下，被傲慢所伤究竟是什么滋味。你当初可是傲气得很，压得我抬不起头来。现在我翻身了，把头抬得高高的，终于可以对着你的头顶说话了，让你感受一下被俯视的感觉。怎么样，这种滋味不好受吧？”廖威语气激动地说。

程彦知道调动工作的事没戏了，不想再低三下四地求人了，冷冷地看了廖威一眼，扔下一句“算你狠”，转身欲走。廖威叫住了他：“我话还没说完呢？孔夫子他老人家说过‘己所不欲勿施于人’，你不希望被藐视被低看，就不要藐视低看任何人，收起你的傲气，做人本分一点，内敛一点，谨记这一点，对你日后是有好处的。”程彦灰溜溜地离开了，此后为人处世收敛了很多。

傲慢需要有傲慢的资本，但有了资本，仍然不该傲慢。无论你有多大的权力，掌握了多少资源，活得多么光鲜体面，都不能用傲慢的态度对待任何一个人。未来是瞬息万变的，今天的你身处高位，拥有一切，可以居高临下地对待别人，明日的你很有可能由于时运不济，失去一切，成为众矢之的。你的傲慢最终会伤到自己，你若不能冷静，不知道收敛，不知不觉就会把自己推入了四面楚歌的困境。你不用傲慢伤害别人，自己也不会被傲慢所伤，大家平等相处，一团和气，何乐而不为呢？

低调是做人的最佳姿态

静下来，意味着不高调不炫耀。山不显其高，依旧莽莽苍苍；海不显其深，却有气吞山河之魄；地不显其厚，却能承载万物。做人足够低调，便能在不显山不露水的情况下成就一番大业。低调是一种姿态，一种品格，一种气度，更是一种境界，你只有把自己放得足够低，才能活出自己的本色，才能更好地融于世，与周围的人和谐相处，在和平的氛围中崛起。

低调亦是一种高妙的智慧。李嘉诚说："如果你不过分显示自己，就不会招惹别人的敌意，别人也就无法捕捉你的虚实。"的确，谁都不会把衔着橄榄枝的鸽子当成威胁，因为它总是那么平和，地上的动物不知道它能飞多高，也不知道它那渺小的躯体里积聚了多少力量，故鸽子可以自由翱翔，到达任何它想到达的地方。谁都不会把大象当成敌人，作为庞然大物，它完全温和无害，总是那么低调内敛，不像豺狼虎豹那样令人忌惮，身上没有霸主的风范，故不会引起其他物种的警惕。

同样的道理，一个人如果足够低调，就像和平的白鸽、温和的大象那样温驯纯良，即便有再大的能耐，再强的实力，也不会引发恐慌，更不会招来仇敌，引来是非，招致无穷无尽的羁绊，这就是低调者更容易成就大事的奥秘。很多人仕途生涯短暂，刚刚崭露头角，小试牛刀，就被无情地打压下去，就是因为不懂得低调做人的道理。有的人一旦身处高位，就开始不能冷静，变得不可一世，还没等到事业更上一层楼，上升的阶梯就被憎恨自己的人拆掉焚毁了。不要以为这是嫉妒心使然，事情远没有那么简单。

如果你气焰太盛，太高调，无论走到哪里都有一种“一览众山小”的感觉，就会给别人带来一种压迫感和威胁感，别人出于自卫也好，基于看不惯也罢，都不希望你能长期得志。由于不得人心，你未来的路一定不会走得太顺利。

安琪出身于富商家庭，家境殷实，人长得漂亮，学历又高，故而把自己看得很高，处处显露出高姿态。研究生刚毕业，她就在熟人的推荐下，进入了一家大型杂志社工作，不到两年的时间便脱颖而出，成了一名责任编辑。安琪聪明能干，业务能力很强，如果不出意外的话，是很有希望被提拔为总编的。

安琪最终没能更上一层楼，主要是因为跟杂志社的同事相处不睦，得不到大家的支持。自从担任领导以后，安琪越来越高调，工作作风越发凌厉霸道，有一次在开会的时候，小张口渴，喝了几口水，安琪当场便发作了：“我以前有没有说过，开会的时候，不喜欢看到任何人搞小动作？你有没有把我的话听在耳里？”小张没有吭声。“以后开会，你要是不能认真听我讲话，非要做一些杂七杂八的小动作，就别来上班了。”安琪的话透着威胁的味道，口吻很像霸道总裁。

还有一次，小任不小心把一叠稿件散落在了地上，这一幕恰巧被安琪看到了。安琪很生气，当即把稿子扬得满屋都是。“你在表演天女散花吗？连这点小事都做不好，还能做成什么事？”小任诚惶诚恐，赶忙把散落的稿子归整好，低着头退回到了座位上。又有一次，小妍因为路况不好上班迟到了两分钟，安琪便不依不饶地说：“对迟到早退我一向零容忍，你为什么要触碰我的底线？是想测试一下我的宽容度吗？从今天开始，你每迟到一分钟就要补一个小时的班，我就不相信，纠正不了你那懒懒散散的臭毛病。”

每一个下属都很害怕安琪，见到她就像老鼠见了猫。自总编因病离职以来，大家天天都提心吊胆，生怕安琪补了这个空缺。小任说：“这个女魔头，要是有了更大的权力，我们的日子就更难熬了。”小张附和道：“我们不能坐以待毙，一定要想出法子来，不能任由她骑在我们的头上。”“我认识一个朋友，在另外一家杂志社做总编，最近正琢磨着跳槽，我可以把她推荐给老板。”小妍说。大家都认为这个计策可行。

没过多久，小妍的朋友小敏便进入了杂志社，过了试用期之后，顺利成了总编。自从小敏加入杂志社，所有的员工都团结在她周围，安琪成了无人理会的孤家寡人，长期被冷落一边，她自知留在这家杂志社不会有更大的发展了，失望之余只好主动辞职了。

人不能太狂妄太高调，无论你多么优秀，多么了不起都不能自以为是，更不能飞扬跋扈、骄横暴戾，搞得周围人人自危。即使你拥有显赫的地位，也要静下来，保持平和的心态，做人尽可能平和一些、低调一些，尽量友善待人，这样才能获得更多的拥护和支持，才能统揽全局、运筹帷幄，决胜于千里之外。

凝聚人心最有效的方法是自嘲

在天性上，每个人都渴望与众不同、出类拔萃，被仰慕被称赞被认可，谁都不希望被别人看低。人们不能冷静，很大程度上是因为太渴望证明自己，太渴望被世人高看了，高调炫耀、博眼球博出位，所求的无非就是那种万众瞩目的感觉，一不小心就点燃了别人的妒火，沦为了众矢之的。人在心智不成熟的时候，会陶醉在这种幻象里，等到历尽沧桑，把世事看透以后，就会热衷于自我解嘲。自嘲是最高层次的示弱，也是一种至高的处事智慧，敢于自嘲的人大都极为自信，早已过了自我夸耀、自我粉饰的阶段，故而能把自己放在低处，乐于有限度地暴露某些弱点，以此来倾诉人与人之间的距离。

自嘲是人际关系中的润滑剂，大人物自嘲，可以放低姿态，与人亲近，普通人自嘲可以在博人一笑的同时，减少戒心。生活中，没有人会心甘情愿地承认自己不如别人，都想着高人一头，自嘲者却反其道而行之，乐于把自己放低，乐于把优越感让给别人。这是一种做人的智慧。有时候一句轻松幽默的自嘲比万千句违心的赞美都受用。比如夸赞别人车技的时候，你说："你车开得真好，比我强多了，我都不知道该在什么时候换挡。"就比"你开车的水平真是一流，看你开车简直就是一种享受，你用最完美的方式向我诠释了什么叫'人车一体'。"效果要好得多。

自嘲是凝聚人心最有效的方法，刘邦既不能文也不能武，为何能驾驭那么多文臣武将？靠的就是自嘲的本事。他曾对众人说："夫运筹帷幄之中，决胜千里之外，吾不如子房；镇国家，抚百姓，给饷馈，不绝粮道，吾不如萧何；连百万之众，战必胜，攻必取，吾不如韩信。三者皆人杰，吾能用之，此吾所以取天下者也。”公开承认自己各方面的能力比手下爱将略逊一筹，既满足了众将的虚荣心，又增强了他们的荣誉感，通过对比的方式给予了对方足够的肯定，当然感染力十足。自嘲不仅能鼓舞他人，还能使听者产生一种亲切感，缩短心与心之间的距离。

林晖少年得志，年纪轻轻就当上了主管，故而非常得意，和员工聊天的时候，总是有意无意地抬高自己贬低别人。比如有一次他对老徐说：“你在我这个年纪的时候，在干什么呢?”老徐没回答。林晖不无得意地说：“一定是在基层历练吧。这是个没有悬念的问题，你都快 35 岁了，现在还在基层，肯定不会有什么光辉的过去。”还有一次他对小范说：“咱俩都是同龄人，差距怎么就这么大呢？你看我意气风发、玉树临风的，你呢，弯腰驼背，老气横秋，好像提前进入了中老年一样。你知道自己为什么到现在都没有女朋友吗？就是因为这个原因。”

手底下的员工，全都被林晖贬低了一遍。大家都很气愤，不约而同地采用消极怠工的方式表达不满。由于没有人尽心尽力工作，很多工作都无法顺利开展。林晖气得生了病，一连休养了两个多月，才重新返岗。在这两个多月的时间里，他想了很多事，学会了反思，弄清楚了自己不得人心的根源。见到同事后，他第一句话就是：“我发自内心地感谢那些把我打倒的人，躺着的感觉真的很舒服。换了个姿态和视角看世界，我的看法全变了，我收回以前贬低你们的那些话，希望你们别再记恨我了。”

此后，林晖仿佛变了一个人，经常在大家面前自我解嘲，有一天他对小范说：“知道我和你最大的不同是什么吗？我是比你亲切两倍的男人，你坐公共汽车给人让座，只能让一个人坐下，而我让座，足以让两位女士坐下。”他是在用调侃的方式嘲笑自己身材发福，间接突出小范身形清瘦。小范听了觉得很好笑：“没有那么夸张吧。”有一天，他对老徐说：“我很佩服你，有耐力，有常性，能在一个岗位上兢兢业业坚持这么多年，我就不行，心浮气躁，两三年干不出名堂就想换工作，所以成不了技术人才，只能做统筹工作，很多事情还得仰仗你这样的老前辈。”老徐听了连连摆手：“哪里哪里，不敢当，不敢当。”

没过多久，林晖和大家的关系就缓和了，员工们积极配合林晖的工作，每个月都能如期完成目标。老板对林晖更加器重了：“真没想到你这么年轻，就这么具有领导力，倒是很有我当年的风范。”林晖笑笑说：“哪里哪里，我哪儿能跟您比呀，工作做得好，全仰仗手下员工的配合，我一个人没有那么大能力。”

人在潜意识里都希望被高举，所以放低自己很难，贬低别人抬高自己却很容易做到。这是人性的弱点之一。如果你能静下来，不去刻意拔高自己，采用自我解嘲的方式抬高别人，就能极大地满足他人的自尊心，赢得他人的好感。

不能将野心暴露在外

人在年富力强的时候，都渴望超越平庸，干出一番轰轰烈烈的事业，谁都不甘心平平凡凡过一辈子。拥有壮志雄心本身没有错，错就错在不能冷静，过早地暴露出了野心。事实上，野心勃勃的人是最不受欢迎的。你的野心越大，胃口越大，越容易讨人厌恶。不加掩饰的野心就好比暴露在外的醒目靶心，将引来无数的攻击与讨伐，为什么会这样呢？

自古以来，野心都含有贬义，所以才有狼子野心这种说法。一个人拥有野心就意味着想要凌驾于众人之上，占有更多的资源，这不符合绝大多数人的利益，故对于野心巨大的人，人们采取的都是警惕和敌视的态度。从古至今，既高调又极富野心的人都没有什么好下场，良臣谋将功高震主、野心外露，大多落了个兔死狗烹的悲惨下场。在当代社会，野心很大又不善于隐藏的人，结局也不会很美妙。对于高位者来说，有野心的人不好驾驭，不宜重用。对于普通人来讲，野心家就好比是危险的鲶鱼，将使竞争的残酷性进一步加剧，促使自身的处境更加艰难。

总之，出于各种各样的原因，人们比较排斥和讨厌有野心的人。那么人真的不该有野心吗？人都应该默默无闻一辈子，永远都不出头吗？当然不是。你可以有适度的野心，但一定要静下来，别太张扬，尽可能地低调一些，不能将野心暴露在外，更加不能让别人感觉到威胁，最关键的是，不要去损害他人的利益，任何时候都不要做损人利己的事情，在发展自己的同时，要注重双赢合作，如此你才能在众人的鼎力配合和支持下，一步步走上人生的巅峰。记住，野心是一把双刃剑，可以成就你，也可以毁了你，如果你不懂得低调做人的道理，一味地彰显自己的野心，就会陷入万劫不复的深渊。

魏国华是个非常有野心的年轻人，在刚入职的时候，他就明确表示自己志向远大，绝不甘心当一名默默无闻的小职员。经理让他谈谈对未来的规划，魏国华毫不掩饰地说："半年之内成为项目组主管，两年之内年薪达到百万。""如果你确实有能力的话，近期目标是完全可以实现的，至于年薪百万嘛，怕是不太可能，公司给管理层的工资没有那么高。"经理如是说。魏国华淡淡地笑了笑，他没把经理的话放在心上，心想：这里不能满足我年薪百万的愿望，我可以跳槽啊，又不会屈居在这个小池塘里一辈子。

经理从他的眼神中，参透了他的想法，决定日后只是对他进行有限度的培养，商业机密不能完全透露给他，免得给竞争对手作嫁衣。半年之后，经理打算从新人当中选拔人才，出任项目主管一职，圈定了三个种子号选手，魏国华是其中之一。三人当中，魏国华工作能力最强，如果择优录取的话，他被提拔的概率最高。可对于这个年轻人，经理始终心存疑虑。他认为魏国华极其不稳定，一旦有了更高的发展平台，就会毫不犹豫地离开公司，投入竞争对手的怀抱，若对其大力培养，公司势必蒙受不小的损失。再者，魏国华的人缘极差，大部分员工对这个野心勃勃的年轻人印象都不好，此人若是当上了项目主管，不利于团队建设。

思来想去，经理决定退而求其次，让小秦担任项目主管。小秦行事风格比较低调，为人谦和，跟所有人都能打成一片，业务能力也不差，从综合实力来看，小秦比魏国华更适合担当大任。魏国华没能如愿当上项目主管，非常郁闷，气冲冲地找到经理理论，并拿辞职相要挟："我是公司里实力最强的员工，公司若是看不到我的价值，我只好另谋高就了。"经理淡淡地说："这里水浅养不了真龙，你想走，我绝不会挽留，祝你好运。"

魏国华迅速办理了离职手续，离开公司后他没有马上去找工作，而是在默默思考这次晋升失利的原因。他对朋友说："我不能在同一个地方跌倒两次，我必须弄清楚这次为什么会跌跤，否则类似的事以后还会发生。你能帮我分析一下问题出在哪里吗?"朋友沉吟了一会儿说："经理说公司水浅养不了你这条真龙，可能是觉得你野心太大，不知满足，不会甘心为公司所用。"

魏国华不解地说："年轻人上进，拥有壮志雄心有错吗？俗话说，人往高处走，水往低处流，谁不希望有好的发展？嫌我有野心，小秦就没有野心吗？他要是没有野心，为什么要同我竞争，为什么不肯屈居一线?"朋友分析说："人家有野心，不外露，让人感觉不出威胁。哪像你那么高调霸道，走到哪里都是一副气吞万里如虎的架势?"魏国华挠了挠头，想了一会儿说："你这话说到点子上了，也许这正是我碰钉子的根源。"

真正的聪明人，不会轻易向人暴露自己的野心，而会小心翼翼地把它藏好，把豪情壮志隐藏在实力之下，时机未到，绝不会让自己过于光芒闪耀。隐蔽的野心就好比如豆的星星之火，让人感觉很安全，故而不会被人为地踩灭，他日便能成功的形成燎原之势。

不做逾越界限的事情

孔子曾经说过：“不在其位，不谋其政。”即人要摆正自己的位置，不做逾越界限的事情。这种理念不仅适用于治国，也适应于为人处世。聪明的人，任何时候都能静下来，从来不会插手超出自己权限范同的事情，更不会越俎代庖，擅作主张。然而在生活中，总有些人自视甚高，不满足于做分内的事情，为了凸显自己独当一面的能力，热衷于包揽一切大小事务，甚至毫不顾忌地打破了层级之间的界限，这样做只有一个结果，那就是功劳苦劳全变白劳，还会给别人留下鸠占鹊巢、喧宾夺主的感觉，招人痛恨。

在权限范围内做事，多劳的确可以多得，超出权限范围，性质就完全改变了。不管你能耐有多大，心气有多高，都必须静下来，尽可能低调点，别去插手和干涉职务以外的事情。毫无疑问，层级之间是存在着壁垒的，若不是遇到了特殊紧急的情况，层级壁垒是不应该被打破的。虽然每一个士卒都想成为将帅，但在没有成为将帅之前，理应做好自己的本分工作，不应该盗用帅印、调兵遣将。总之每个人都应该各司其职，不能为了彰显自己的能力，破坏规矩，逾越权限，这是做人的本分，也是为人处世应该恪守的基本原则。

石经理个性比较冲动，气头上常做出错误的决定。小毛摸透了石经理的脾气秉性，为了让他少犯错误. 每次接到指令，小毛都会故意拖延一段时间再执行，给予其反悔纠错的机会。靠着这种拖延策略，小毛帮助石经理挽回了好几次失误。石经理知道自己做事不周，最初并没有说什么。天长日久，小毛对石经理产生了轻视之意，觉得领导很不合格，自己都能代他做决定。

有一次，石经理和长期合作的一家供货商谈价钱，得知对方报价虚高，气得火冒三丈，他不能容忍这种杀熟行为，当即决定取消和贾老板的合作，另找供货商，还写了一封言辞激烈的长信痛斥贾老板，吩咐小毛把信寄出去。小毛心想：石经理又犯老毛病了，没有权衡利弊就草率做决定，于是就擅作主张．把信压了下来，没有寄出去。

后来，石经理为公司找了另一家供货商，这家供货商报价非常低，但原材料质量有严重问题，与其合作，公司势必蒙受一笔损失。石经理为此后悔不已："我真是太糊涂了，只想买便宜货，而没考虑到原材料的质量。贾老板的报价虽然不合理，但发送的货物质量有保障，价格还是有商量余地的，我不该那么冲动，不但取消了合作，还写信把人家臭骂了一顿，这下没有挽回的余地了，这该如何是好啊?"

看到石经理急得团团转，小毛觉得非常好笑，他不无得意地说："经理，别着急，那封信我扣下了，根本就没寄给贾老板。""真的?"石经理急忙问。"真的，我没寄。"小毛斩钉截铁地回答道。石经理长舒了一口气，如释重负地说："谢天谢地。"心情甫定以后，他若有所思地问："我当时不是说马上把信寄出吗?"

小毛说："我觉得这样做不妥当，就把信压下了。""压了半个月?"石经理又问。"嗯。你没想到吧?"小毛自以为很高明。"我确实没有想到。我叫你寄出的东西，你怎么能擅自作主张压下来呢?你觉得不妥当，至少也要和我商量一下，怎么问都不问我一声，就自己做决定了呢?谁给你的决策权?"

小毛支支吾吾，不知道该怎么解释好："我这也是为公司好。""你为公司考虑没问题，但也不能越权行事，这么大的事情总得向我请示一下吧。你把利害向我说清楚，如果讲得在理，我自会采纳你的意见。自己做决定是什么意思?是为了显示比我高明，还是故意无视我的存在?"

石经理脸色很难看，越说越激动，紧接着又问：“我让你发出的其他信函，你都及时发出去了吗？是不是也擅作主张压了下来?”

小毛低声说：“有些信函发出去了，有些压了下来。该发的都发出去了。”“什么叫该发的都发出去了？什么该发什么不该发，是你说了算，还是我说了算？究竟你是经理还是我是经理?”石经理越听越气。小毛满脸通红，半晌说不出一句话。

俗话说得好：“没有规矩不成方圆。”作为一个成年人，必须守规矩安守本分，即使你有经天纬地之才，拥有一定的决策能力，在没有得到正式授权的情况下，也不能逾越规矩擅自做主。人只有摆正自己的位置，稳重行事，才能获得他人的认可和尊重。不遵守这条约定成俗的法则，日后势必会吃大亏。

做人应该宠辱不惊

我们知道，成就大业，离不开四通八达的人际关系网。朋友遍天下，路路都顺通。故而很多人想利用工作平台，广交朋友，甚至想把建立在工作关系上的朋友发展成私交甚笃的密友。有些人因为和雇主、上级关系不错，便逾越了公与私的界限，开始忘乎所以、飘飘然，拿着鸡毛当令箭，不仅损害了竞争的公平性，而且冒犯了雇主和上级，成了团队内部最招人憎恨的一类人，不知不觉便成了公敌。

人若不能冷静，很容易被情感所左右，混淆公私之别，且容易被捧杀。封疆大吏年羹尧就是典型的例子。由于深受雍正赏识，他便恃宠而骄，不仅逾越了君臣界限，做出了很多触犯皇权的事情，还专断骄横，处处压文武百官一头，最终搞得天怒人怨，落得狱中自裁的悲惨下场。在现代文明社会，虽然不存在君臣、主仆的关系，但人与人之间存在着错综复杂的利益纠葛，且地位有别，即便你受到赏识和重用，与决策层关系良好，也不能过于造次，更不能恃宠而骄，仰仗这种关系欺压别人。做人应该宠辱不惊，公私分明，把握好分寸，任何时候都不要跨越界限，做出令人难以容忍的事情。

赵俞既聪明又勤快，业务能力突出，深得总经理器重，工作不到三年，就被提拔为公关部经理，前途一片光明。与总经理共事这么多年，两人形成了一种默契，工作上配合得天衣无缝。总经理很赏识赵俞，私下里经常和他称兄道弟。赵俞真心把总经理当成了自己的大哥，就像关云长辅佐刘备那样诚心诚意地辅佐他。酒席上，屡屡提及兄弟义气，说到动情处，顿生豪气，多次向总经理表示：“兄弟的事，就是我的事。以后有用得着小弟的地方，尽管开口，我愿为兄弟两肋插刀、肝脑涂地。”

由于跟总经理私交甚密，赵俞做出了很多出格的事情。有一次，公司举办了盛大的宴会，庆祝年底圆满完成工作任务，按照例行程序，老板先致辞，然后总经理致辞，最后才能轮到各部门经理致辞。当天，总经理嗓子略有不适，轮到他致辞的时候，赵俞向其使了眼色，兀自奔上讲台，抢先致辞，说了一通感谢词，下台之前特地声明总经理身体抱恙，不方便发言，他代表总经理向全体员工致以亲切的问候。台下面面相觑，窃窃私语，有的员工小声嘀咕：“这是什么情况？是不是赵俞要取代总经理的位置了？”总经理皱起了眉头，他虽然觉得赵俞这么做是出自好意，但心里仍然感到不舒服。

赵俞没有察觉出总经理的不满，依旧我行我素。他天真的认为，只要和总经理关系好，以后在公司里就能呼风唤雨，故而不把任何人看在眼里，连资格最老的员工都敢得罪。有一次，老罗对他的公关政策提出了质疑，他火气立刻上来了，当场指着老罗的鼻子破口大骂：“你以为你是元老级人物就了不起了？告诉你，在我眼里，你什么都不算。我可是总经理一手提拔起来的，反对我，就是反对总经理。如果你还想继续留在公司，以后最好识相点，别倚老卖老，做出令自己追悔莫及的蠢事。”老罗气得嘴唇发抖，久久咽不下这口气，事后把这场争执报告给了总经理："赵俞现在越来越不像话了，仗着你的信任和器重，到处撒野，搞得公司上下怨声沸腾，还望总经理能约束一下他。"

总经理听了，并没有太在意，认为赵俞只是年轻气盛，缺少历练，等到心智成熟以后，行为自然就收敛了。可是事情并不像他预想的那样，赵俞一再触碰他的底线，行为越来越放肆，丝毫没有收敛的迹象。有一次，两人一起跟客户谈生意，总经理尚未开口，赵俞便抢先一步跟客户打招呼。在洽谈业务时，赵俞一直说个不停，一副纵览全局的样子，仿佛总经理不在场一样。事后，总经理不高兴地说："这桩生意是你谈下来的，我一点作用都没起到，真是汗颜啊。"赵俞并没有听懂总经理话里的意思，反而客气地说："咱俩还用分得那么清楚吗？我谈下来的不就是你谈下来的，生意是谁谈成的，又有什么要紧？"

"工作上的事情必须要分清。"总经理借题发挥道，"私下里我们是朋友，是兄弟，但在工作场合，我们都要扮演属于自己的社会角色。私交归私交，公务归公务，不能混为一谈。这么简单的道理你都不懂吗？你要是再这么公私不分，以后休怪我公事公办，让你难堪。"

这番话对赵俞来说简直就是晴天霹雳，长期以来，他一直以为凭借和总经理过硬的关系，便能为所欲为，一路亨通，没想到在总经理眼里，公务始终大于私情，人家根本不会为他大开方便之门，也不会永远纵容他。失去了依仗，赵俞便失去了权柄，以后的日子越来越难熬，他时刻面临着腹背受敌的局面，苦撑了三个月终于熬不住了，他主动向公司递交了辞呈，离开了这个让他又爱又恨的是非之地。

在工作关系中，公与私是泾渭分明的，人与人之间存在着不可逾越的安全线，彼此关系再密切，也不能忽略了脚下那条看不见的安全线。

坦白来说，工作上结交和朋友和私交的朋友是不同的，你必须予以区别对待，关键时刻，一定要静下来，千万不能感情用事，做出不适宜的事情，要学会约束自己，低调行事，如此才不至于给别人落下话柄，处处受敌。

做人不能太狂妄

含蓄收敛是东方文化的一部分，中国人讲求含蓄，做人做事不主张过度表现，故自古就有才不外显、美不张扬的说法，温文尔雅、低调随和、谦恭有礼是君子最基本的处事之道。内敛的人大多比较能静下来，善于自我约束，懂得自律，知道照顾别人的感受，没有锋芒，没有侵略性，通常让人感觉比较舒服。可惜在这个浮躁喧嚣的时代，温和内敛的人越来越少，招摇张扬的人越来越多，人与人之间的摩擦也越来越多。

张扬是一种外在表现形式，它反映的是内在的空虚和浅薄。肤浅和缺少内涵的人，都很张扬，因为不这么做，就无法获得关注。内敛的人通常底蕴深厚，身上有一种无法掩饰的光芒，无论平时表现得多么低调多么谦虚，都能给人以非同凡响的感觉。故不必担心机会被别人抢走，不必担心自己被忽略被轻视，永远都不会恶意地攻击任何人。张扬的人则不同，他们需要通过打击别人的自信来凸显自己的价值，需要站在别人的肩膀上看风景，需要成为唯一闪光的焦点，必须用别人的暗淡来反衬自己的光芒。这就是他们普遍具有攻击性和侵略性的根本原因。

多数人都不喜欢张扬的人，除了认为他们不知天高地厚以外，更大的原因在于，看透了他们的本性。过于张扬的人，普遍狭隘自私，心里只有自己，只有竞争，根本没要想过要和任何人和谐相处。他们总想用别人的愚蠢反衬自己的智慧，用别人的平庸反衬自己的独特，用别人的温吞反衬自己的凌厉，唯一的目标就是向世人展示自己的无所不能，同时让对方看清自己有多么不堪。世人包容不了张扬狂妄者，不是因为世人缺少宽容心，而是因为这类人的种种举动确实招人反感。人太过张扬，往往会有很多潜在的敌人，原因便在于此。

陈康自认为口才一流，他立志成为一名誉满全国的金牌讲师。第一次参加面试，他侃侃而谈，表现得非常好，可是不知什么原因，负责招聘的总经理并没有录取他。陈康很不甘心，用不容置疑的口吻说："我已经准备到贵公司上班了，你一定会录取我的，因为在所有的应聘者当中，我的潜力是最大的，将来我一定能成为贵公司身价最高的讲师。"陈康的狂妄自大给总经理留下了深刻的印象。之前，总经理从未遇到过这么张扬的年轻人，不知道他是不是在说大话，于是便用探寻的口气问道："那就请具体说说，你的优势在哪里，我为什么要录取你，给我一个靠得住的理由。"

陈康在总经理的对面坐了下来，十分自负地说："我即使坐着也比其他应聘者高，这还不足以说明我天赋异禀吗？伟人之所以伟大是因为庸俗的大众喜欢跪着，我不同于他们，我不但不跪着，还敢坐着，也敢站着，所以我一定能干成大事。"总经理想了想说："好吧，你明天来公司上班吧，试用期三个月，假如你真像自己吹嘘得那样厉害，咱们再签正式合同。"陈康响亮地回答道："我绝对不会让你失望的。"

第一次演讲，陈康凭借出众的口才赢得了阵阵掌声，也获得了总经理的认可。在开会的时候，总经理特地表扬了他，并要求他跟同事们交流心得。陈康环顾了一下四周，站起来慷慨陈词："这是我平生第一次发表演讲，第一次尝试，就收获了石破天惊的效果，现场反应非常热烈。知道奥秘在哪里吗？是因为我能放开自己，我不像你——"他用手指着一位资深讲师说，“不像你那么刻板拘谨。”接着把手指向另外一名讲师说：“也不像你那么絮叨和程式化。我临场发挥的能力比较强，能充分调动自己的个人情绪，所以说出的每个字都掷地有声，说出的每句话都富有感染力。你们的那套演讲风格都已经过时了，观众听了直打哈欠。说句不好听的话，你们若再不与时俱进，就会被观众抛弃。”

同事们听了这话开始交头接耳、窃窃私语，全都认为陈康太过狂妄了。总经理听不下去了，忍不住批评道：“这话说得有点过头了吧。你刚入行，不足之处还有很多，要学习的东西也很多。日后还需前辈提点。这么快就把人得罪了，不太好吧。”陈康直言不讳地说：“他们的能力不过尔尔，水平很一般，我能从他们身上学到什么？”事后，陈康派人把每场演讲都录制了下来，然后将录像带逐一播放给总经理看，边播边说：“看到了吧，那些所谓的资深演讲师，其实都是冒牌货，观众对他们都不感冒，仔细看看我演讲的场面，观众的反应多热烈呀。”

“你一定要通过这种方式来证明自己吗？”总经理问。“不比较怎么能看出优劣呢？”陈康很坦然地说。总经理长叹了一口气，扔给他一叠文件：“看看吧，这是观众的反馈，看完了你就知道何为优劣了。”陈康看完文件，傻眼了，他没想到观众对他的评语会那么糟，原来大家都觉得他言辞夸张，讲话雷人离谱，之所以给他掌声，完全是出于审丑心理，毕竟大家心理压力都很大，需要一些无厘头的东西来调节。“我早就说过，别狂妄得太早，你需要学习的东西还很多。”总经理再次强调道。陈康羞愧地低下了头，一句话也说不出。

饱满的稻穗都是俯向大地的，只有空空如也的稗子才会昂首向天。越有本事的人，越能静下来，头垂得越低，只有胸中空无一物的人才会狂妄招摇。做人不能太狂妄，任何时候都不能把自己看成擎天白玉柱，把别人看成不名一文的茅草，因为你没有自己想象中那么了不起，别人也不像你想象中那么糟，做人应当虚怀若谷，切莫过于自我炫耀，平素低调一些，内敛一些，敦厚温和一些，注意约束自己的言行，不招人嫌、不惹人厌，只有这样才能给自己预留出一片进可攻退可守的空间，拥有更好的发展前景。

做一个温和的强者

有人认为，强者都是霸道和高调的，他们善于主动出击，作风凌厉、心如钢铁，让人一见即望而生畏，温顺是弱者的特征，与强者没有半点关系。强者身上具有十足的狼性，注定要爬到生物链的顶端，掌握生杀予夺大权，总之一句话，强者天生就是掠夺者，不可能成为低调的温和派。这种想法对吗？不可否认的是，这种观点非常符合达尔文的进化论，但并不完全适用于人类社会，在文明高度发达的社会里，到处都有温和的强者。强者的温柔胜过虚张声势的霸气。

真正强大的人，大都比较能静下来，绝不会轻易向别人展露狂暴蛮横的一面，而会表现得非常斯文有礼。霸道的强者并非真的强大，他只是色厉内荏而已，既不能赢得别人的尊重，也不敢脱下面具，诚实地面对自己。有句格言说得好："只有弱者才会残忍，唯强者懂得温柔。"意思是越有力量的人，内心越温柔，越不喜欢强硬粗暴地对待别人，越弱的人越喜欢把自己伪装得强横。

崔实经营的公司刚刚上市，为了进一步扩大公司的业务，他打算找一个靠谱的合作方。与其他大老板不同的是，他不单纯以财务报表来判断企业的发展前景，坚持认为一个企业能不能发展壮大，关键在于企业负责人的品行和胸怀。故而在寻找合作方的时候，他采用了一个别出心裁的方式来考察对方。

最初，他把目标锁定了庄老板和白老板。两位老板旗下所在的公司规模相当，业务能力不分伯仲，财务状况良好，都是比较理想的合作对象。为了弄清两位老板的秉性脾气，崔实会见他们的时候刻意隐藏了身份，谎称自己只是一名普通的雇员。约见白老板的时候，气氛非常压抑，白老板虽有强烈的合作意向，但对这次商务谈判却颇有微词："你们老板好忙啊，这么大的项目都腾不出时间亲自洽谈，是没有合作诚意，还是因为根本没把我们公司放在眼里？"崔实连忙解释说改天老板一定会亲自来详谈。白老板哼了一声，不愿多看崔实一眼。在整个谈判过程中，白老板都显得非常强横，态度咄咄逼人，崔实一再退让，额头上直冒冷汗。

"我们是在谈生意，又不是在打仗，你为什么总要展露肌肉呢？"崔实不满地说。"你听说过'物竞天择，适者生存吧'？商场就是战场，只有强者才能活下来，你和我不是一个重量级的，当然感觉不适应。草原狼和小绵羊能对话吗？不能。你这个人太弱太温吞，我不喜欢跟你讲话，赶快打电话把你们老板找来，让他亲自和我谈。"崔实说："我想我们老板不会见你了。因为你缺乏修养和礼貌，我们老板是不会跟这样的人合作的。"

白老板一听，火气立马上来了，仰头怒吼道："你算什么东西？敢代替老板做决定。你信不信我一个电话打过去，就能让你们老板开除你？"崔实没有吭声，白老板以为他吓破了胆，便用威胁的口吻说："趁我改变主意之前，马上从这里滚出去，做人要识相点，别砸了自己的饭碗。"崔实一动不动地站在那里，以前从来没有人用这么恶劣的态度和他讲过话，他当时气昏了头，差点和白老板打起来。最后关头，他克制住了自己，怒气冲冲地走了出去。

约见庄老板的时候，谈判氛围完全不一样，整个交谈过程都非常愉快。庄老板儒雅温和，有谦谦君子之风，听他讲话有一种如沐春风之感。他不但谈吐文雅，而且非常善于倾听，一直面带微笑地听崔实讲话，期间不插一言，表现得非常有涵养。崔实当场便做出了决定，打算和庄老板签约。

事后，崔实回顾了这两次谈判的经历，他认为白老板表现得财大气粗、咄咄逼人，是为了掩饰内在的孱弱，近期白老板缠上了官司，可能要赔付一大笔钱，他迫切地需要拓展生意，以弥补损失，故而变得易激动。庄老板事业发展得顺风顺水，没有必要刻意示强，故而没有攻击性。由此可见，真正的强者都是温和的，只有弱者才会霸道和虚张声势。想到这里，他更加坚定了和庄老板合作的决心，不打算再和白老板这样的人接触了。后来崔实听说白老板离婚了，紧接着又和自家的兄弟对簿公堂，一时间所有熟悉白老板的人都在指责他霸道不讲理，白老板几乎成了人人唾弃的对象，再也没有人愿意主动登门跟他谈生意了。

仔细观察你会发现，德高望重、才识过人的人，大都低调温逊，没脾气，没架子，给人以平易近人之感；而能力平平之辈却非常嚣张，总想以蛮力威慑别人，他们无所顾忌地伤害身边的人，不懂得给别人留后路，搞得周围怨声载道，最后往往落得个众叛亲离的下场。洞悉世间万象，你会发现，静下来，做一个温和的强者，抑或是做一个真实的弱者，远比一个骄横的伪强者要好得多。这是生活的智慧，也是颠扑不破的真理。

不要表现得太过狂傲

网络上曾经流传过这样一个段子：“一部高档手机，70%的功能都是没用的；一款高档轿车，70%的速度都是多余的；一栋豪华别墅，70%的房间都是空闲的。”一语道出了现代人的生活现状和扭曲的志趣追求。为什么那么多人趋之若鹜地追求并不实用的东西，不以浪费为耻，反而高调炫耀奢侈浪费的行为呢?

原因很简单，在攀比风气日益严重的现代社会，能静下来的人越来越少了，一旦有了财力，都想高调炫耀一番，能够保持轻简生活的人越来越少。能够购买价格昂贵、数量有限的商品，既可以展示一个人的经济实力，也可以彰显其身份地位。所以奢侈品才那么受欢迎。配备了奢侈品的人普遍热衷于高调出镜，迫不及待地想要向全世界的人宣告自己拥有了某种贵的离谱的东西。

不可否认的是，高配置确实可以拉大人与人的差距。比如一个人拥有了一辆超豪华的兰博基尼，而周围的人开的全是普通的私家轿车，他就会认为自己很了不起，发动车子的时候，会故意弄出很大的噪音，以炫耀的姿态开着车子从邻居、同事、亲友面前驶过。他想传达的信息无非就是我轻松拥有的东西是你们穷尽一生都买不起的。别人会怎么想呢?会由衷地崇拜他？当然不会。会更加主动地亲近他吗？也不会。多数人会迅速远离他。这是因为鸿沟般的差距，会使人产生羡慕、嫉妒、憎恨、羞愧、愤怒等一系列不适的心理反应。为了克服这种不适感，人们会不约而同地主动远离刺激源。所以当你的经济实力飞速提升，一定要静下来，不要急着到处张扬炫耀，要充分考虑到周围人的感受，尽量别去摆阔，否则所有亲近你的人都有可能毫无征兆地远离你，你辛苦编织起来的人际关系网将被生生撕裂，以后你很有可能要走下坡路了。

肖强和杨奎是关系很铁的朋友，两人亲如手足，比歃血为盟的兄弟感情还要好。杨奎以经营小买卖为生，勉强可以糊口，肖强做的是杂货店生意，盈利能力有限。两个人的经济状况差不多。一方有困难，另一方会主动帮忙，毫不犹豫地出钱出力。多年来，他们同甘苦共患难，缔结了牢不可破的友谊。后来，肖强得到了一笔巨额拆迁款，两人莫名有了隔阂。在杨奎眼里，肖强已经不是原来那个憨厚老实的好兄弟了，他变成了另外一个人。每次出去吃饭，肖强都要点最贵的牛排和最好的酒，浑身上下一身名牌，头上的发蜡抹得油光可鉴，动辄为餐厅里所有的客人买单，还屡次嘲笑杨奎没品位上不了台面。

在肖强面前，杨奎觉得很不自在，所以有意识地疏远了他，两人的来往越来越少了。肖强并没有感到太难过，他认为两个人根本就不在一个层次上，断交是迟早的事，长痛不如短痛，也许这样对双方都好。现在的他今非昔比了，可以跟过去的一切一刀两断了。产生这个想法之后，肖强毫不犹豫地关闭了杂货店，搬到了繁华的市区里居住，结交了很多新朋友。

肖强从头到脚焕然一新，把家里装饰得金碧辉煌，所有的物品都升级换代了，如今的他终于有了阔佬风范，可以认识更多有头有脸的大人物了。他本以为只要不断彰显财力，就能让更多的人亲近自己，没想到事情完全不像他预想的那样。真正有身份有地位的人，远比他阔绰得多，根本不会理会他这种市井小民。大多数人处在社会中层，经济实力远不如他。他的过度炫耀，引起了周围人强烈的反感，越来越多的朋友跟他疏远了。

有一次，他请朋友到家中做客，席间不断地炫耀家里的奢华摆设，然后将价格一一报出，并神气地说："这些东西，别人奋斗一辈子也买不起，对我来说，却仅仅是消遣品。”那位朋友从此便不再与他来往了。又有一次，他刚买了新车，高调地邀请朋友一起开车兜风，半途中忽然开口道：“你那辆老爷车都老掉牙了，什么时候也换一辆?’，接着用得意的口吻报出了自家新车的身价，朋友汗颜地说：“那种车我买不起。”“不会吧，这点小钱都拿不出?”肖强的表情和语气都很夸张，朋友听了很不高兴，开车的过程中他一直一言不发，事后断绝了与肖强的往来。

若干年后，肖强将拆迁补偿款挥霍一空，变得一贫如洗。他一个朋友都没有，连求助的对象都找不到。最后他只好搬回了原来的住处。回到故地，他忽然想起了好兄弟杨奎。可惜那时杨奎已经搬走了。肖强翻遍了通讯录，也没找到杨奎的手机号码，他这才想起发迹以后，第一个被删除的电话号码就是杨奎的。忆起昔日的情谊，肖强感慨万千，往事涌上心头，万般滋味集于心间，令人唏嘘不已，如今旧情已了，旧梦已逝，只剩下一条黑暗悲惨的道路，肖强怎能不难过呢？他一个人自斟自饮，喝了一晚上闷酒，平生第一次喝得酩酊大醉。

如今，很多人都渴望成为不折不扣的高配主义者，吃穿用度不求最好，只求最贵，急于和周围的人拉开档次，殊不知档次拉开了，人与人之间的距离也拉开了，多年的友谊很可能就此毁于一旦。所以物质富足以后，最好低调一点，不要表现得太过狂傲，切勿迷恋一掷千金的潇洒感觉，因为快感只是一时的，而天长地久的友谊却是一世的。

第五章

静下来，稳住心：专心致志地做好眼前的事

静心以养性，宁静以致远，在浮躁的社会环境中，涵养一点静气，更容易胜出，以静制动，动中求静，方能稳操胜券。

在人心躁动的时代，保留一分静气是非常难得的，这种从容自若、气定神闲的姿态非常人所有，需要经过不断的修养、磨炼，才能达到这样的境界。静下来的人，每临大事能以静制动，举重若轻，庸常小事自然更能拿得起放得下。

人还是稳健一点好

我们常用坚若磐石、稳若泰山来形容一个人不可动摇的意志，那么磐石和泰山为何如此坚实稳固呢？它们为何历经风霜雨雪的侵蚀，饱受岁月的磨砺，依旧能岿然不动？主要是因为它们根基足够稳固，有了稳定的根基，便永远都不会轰然倒下。其实人也一样，一个人若是静下来，拥有持稳的个性和坚不可摧的意志，那么无论经历多少风浪都不会被撼动。

不可否认的是，能静下来，历经起起落落，依旧稳若泰山的人，都是饱经忧患之人。少不更事的年轻人是很难做到这一点的。年轻和激进常常被捆绑在一起，很多人认为，谁没有过狂热激进的青葱岁月，谁就没有过青春。当然激进有激进的好处，比如敢于冒险，敢于大跨步探索，可是激进也有副作用，比如不假思索地做出激进的举动之后，蒙受了巨大的物质损失或是遭受了沉重的精神打击。无知无畏状态下的激进，有时会把人带入万劫不复的深渊。

坦白地说，人还是稳健一点好，稳健意味着可控性增强，意味着能以平和的心态应对一切挑战。人的成长就是一个由激进到稳健的过程。每个人青春少艾的时候，都有过一段激进的岁月，不知道天高地厚，以为整个世界都在自己脚下，等到跌倒无数次爬起无数次之后，心态就会平和许多，行为也会收敛很多，这是时间、阅历送给我们最好的礼物。

李璐从小就渴望走出封闭的小县城，看看外面的世界。长大之后，他如愿以偿地走了出去，却再也找不到回家的路。自从来到繁华的大都市，他就彻底迷失了。他不甘心永远这么默默无闻，每天都在想该如何快速的出人头地。他想靠学历找一份四平八稳的工作或是靠卖力气打工都不是长久之计，只有不计后果地疯狂折腾，才能搏出属于自己的天地。天底下到处都是穷困潦倒的高学历人才，到处都是默默无闻的打工者，这些人永远都不可能有出头的机会。作为一个来自小县城的普通青年，他要想拥有属于自己的事业，属于自己的房车，必须走创业这条路。

李璐认为他一无所有、一无所长，除了思想激进，什么都敢尝试外，几乎没有任何优势。除了自主创业，他想不出更好的发展方向。他的朋友吴俊达也打算创业，想要筹资开一家餐厅。虽然都想创业，两人的想法却截然不同。吴俊达采取的是稳健保守的策略，计划先到餐厅打工，把各个流程全部熟悉之后，再尝试自己开餐厅。李璐不认可他的想法："等你把各环节弄清楚了，黄花菜都凉了，你为什么不一边创业一边积累经验呢？"吴俊达："我觉得先了解情况再创业比较稳妥，免得日后走弯路，什么都不懂就上手蛮干，不知要做多少蠢事呢。"

李璐说："这也难怪，你比我大八岁，人比较老成，做事趋于保守，喜欢稳扎稳打。我和你不一样，我没有耐心等到万事俱备再行动，没有条件我自己创造条件也要上，就算创造不出条件我也要上，我没有那么多时间去等待，必须马上大干一场，赢要赢得轰轰烈烈，输也要输得痛痛快快。"

就这样，吴俊达利用打工时间摸索开餐厅的道路时，李璐已经开始放手大干了，他将父母二十多年的积蓄悉数拿来作为创业资金。在市中心的繁华地段开设了一家高档时装店。他以为仅凭借一腔热情和不惜一切的蛮干精神，就能换来事业的成功。然而事实却不容乐观，刚开业的时候。由于竞争激烈，他的生意并不好。服装店盈利能力比较差，店铺租金贵，服装进货成本高，几乎月月亏损，不到半年就歇业了。

第一次创业，李璐血本无归，瞬间陷入了贫困潦倒的境地，不得不住地下室、吃盒饭，日子过得凄凄惨惨。有一天他在地下室里观看新版

《三国演义》，播放的内容是诸葛亮最后一次出祁山，设下埋伏将司马懿父子围困在山谷中，眼看就要把劲敌烧死了，孰料忽然天降大雨，使一切的计划功亏一篑。诸葛亮仰天长叹：“天不助我，助尔曹!”看到这里，李璐不禁涕泪横流，顿时把自己创业失败的经历和诸葛亮的壮志未酬联系到了一起。他想一个人纵使再有本事，若是时运不济，一样会输得很惨。

当他把这份心得分享给好朋友吴俊达的时候，吴俊达不以为然地说：

“这和时运没有什么关系，你太冒进了，做事欠缺考量，这才是你创业失败的原因。”一年之后，李璐仍然待在地下室里吃盒饭，吴俊达的餐厅开业了，生意非常火爆。李璐这才相信吴俊达一再强调的稳健策略，不再为自己的失败做任何辩解了。

任何时候，都保持“八风吹不动”的稳重，是一个人成就大事的法宝，人只有静下来，才能静得下心，安心把事情做好。比起躁动不安，心如止水更有助于我们做出正确的决策。人唯有拥有平和宁静的心态，才能稳步前进，一步一个脚印地走向人生之巅。

能忍也是一种能力

一个人要想有所作为，必须有韧性有耐力，能够忍受别人所不能忍之痛，承受生命所不能承受之重，关键时刻能咬紧牙关、静下来，以超乎想象的毅力战胜一切苦厄。能忍也是一种能力，正所谓仁者无敌，河蚌忍受了沙粒的磨砺之苦，孕育出了光彩夺目的珍珠；生铁忍受了千锤万凿的捶打和炼火的煅烧，才成为了寒光凛冽的锋利宝剑；蝉忍受了数十年不见天日的黑暗，才拥有了短短几十天的光明，谱写出了生命最美的赞歌。人亦如此，唯有在隐忍中奋进，不抛弃不放弃，才能走向胜利的终点。

当你身无所依，一无所有，没有任何资本的时候，唯一可依仗的就是忍功，前方的道路不可能铺满鲜花，倒可能布满荆棘；你的脚下没有坦途，只有坎坷崎岖的羊肠小道，稍不留神就有可能迷失；这一路没有掌声、笑声相伴，却可能遭遇不少非议和白眼。这些遭遇都是不可避免的。没有人可以随随便便改写命运，想要有所成就，就必须静下来，受得住煎熬，禁得住考验，能够把苦难孕育出果实。

刘宏裕和王炎斌从小在同一个街区长大，前者出身商贾世家，自幼锦衣玉食，所有的路都被父母安排好了，自己用不着奋斗，就已经有了很高的起点；后者家境贫寒，十岁时，母亲到大城市打工，从此再也没有回来，他和父亲相依为命，日子过得十分清苦，勉勉强强读完了大学，毕业之后找到了一份普普通通的工作，成了办公室里的一名小职员，所赚得的薪水勉强够糊口。

刘宏裕曾经问王炎斌："这些年你是怎么熬过来的？没有母亲的陪伴，没有一个完整的家，家里又那么穷，毕业之后又找不到好工作，未来一点希望都没有。如果我是你，非疯掉不可。"王炎斌淡淡地笑笑说："我也没有什么法子，就这样咬牙熬过来了。除了忍耐力强以外，我没有别的本事。"刘宏裕说："忍算什么本事。能不忍就不忍。人本来就是趋乐避苦的，谁愿意甘心忍受痛苦呢？我只想随心所欲地活着，避开一切我不想要承受的事。"王炎斌叹息着说："也许你有那样的条件，但我没有。我唯有把自己磨砺得更顽强，才能更好地活着。"

按常理说，刘宏裕未来的发展要比王炎斌强得多，可事实并不是这样。刘宏裕由于从小到大从未经历过挫折，承受能力特别差，遇到一点困难就退缩，导致长期止步不前。后来他的父亲做生意折了本，没有能力再为他提供任何援助了，他只能靠自己了。他的老板由于和他的父亲存在生意上的往来，一直对他照顾有加，如今两人合作关系终止，老板对他的态度越来越差，随时都有可能将他赶出公司。刘宏裕气不过，一怒之下便辞职了，他本想回到家族企业工作，不料父亲却不允许，理由是家族企业已经在走下坡路了，也许坚持不了多久就会破产。父亲鼓励他自谋出路，他委屈痛苦之极："我不想灰头土脸地找工作，不想像货物一样被人挑选，那样的日子我过不了。"此后的日子，他每天借酒消愁，成了人人所不齿的酒鬼。

王炎斌经过数年的奋斗，由一个默默无闻的小职员晋升到了管理层，生活条件得到了极大的改善。有一天他在街上偶然遇到了失魂落魄的刘宏裕，看到对方颓废到那般境地，不由得感到难过。刘宏裕感慨道："想不到你小子熬出头了，而我却落魄到了这般地步，嗨，这真是造化弄人啊。我不像你，能够在逆境中倔强生存，什么苦都能吃，我不行，我从小就是在蜜罐里泡大的，经不起风吹雨打，我想这辈子也就这样了吧，我怕是永远也振作不起来了。"王炎斌安慰他说："不要那么悲观，糟糕的日子咬咬牙就过去了，有道是否极泰来，只要你不放弃自己，随时都可以重头再来。”刘宏裕没有那么乐观，他太了解自己了，如今他不再对未来抱任何希望，只想把所有的烦恼溺死在酒精中。

陷入逆境，不能冷静，不愿忍受磨砺之苦，永远不能蜕变成长。要想挣脱生命的枷锁，遏制住命运的咽喉，就不能任由自己软弱，要有咬碎钢牙和血吞的决绝，敢于砸碎束缚住自己的铁链，在绝望中寻找希望，在逆境中寻找新的契机，愿意奋战到底，直至取得最好的胜利。

有的人认为只有命歹的人才需要历经艰难困苦，奋斗不息，条件优越的人来到这个世界上就是为了享乐，根本不用承受磨难，何必自讨苦吃呢？这种观点显然太过偏颇了，没有人生来就该受苦，也没有人生来就该享福，条件再好，同样也要忍受生老病死之苦，人生既有顺遂之时，也有失意之时，谁又能轻轻松松潇洒一辈子？你只有练就了坚忍的品性，能忍别人所不能忍，才能成功渡过一个又一个难关，到达常人所不能到达的高度。

学会随遇而安

达尔文说，物竞天择，适者生存，告诫我们一定要主动适应环境，而不要强求环境反过来适应我们。人生在世，总有些事情是我们所不能掌控的，客观世界到处都有不可抗拒的力量，有时候我们必须学会适应，学会随遇而安。但凡静下来的人皆能随遇而安，无论身处何种境地，都能安之若素，而不能冷静的人则没有勇气面对不可更改的现实，为了寻求更好的生活，宁愿随波逐流。

随遇而安和随波逐流是两种截然不同的选择。前者能以超然的心态坦然接受不利的处境，在任何境遇中都能自得其乐，后者指的是追随潮流而动，盲目地追随众人的脚步，没有自我，没有独立的人格，自愿沦为庸庸大众中的一员。能够随遇而安的人就像蒲公英，风把它吹向哪里，它就在哪里落地生根，不管周围的土壤有多么贫瘠，也不管光照、湿度如何，它总能开出花来；倾向于随波逐流的人就像飘舞的柳絮、漂浮的浮萍，它随风起起落落，随流水波浪漂荡不休，永远都找不到扎根之地。不能冷静的人是没有根的，所以才不能学随遇而安的蒲公英，只能效法空中的飞絮、水中的飘萍，这是何其可悲啊！

杨乐姗是一个非常开朗活泼的女孩子，既爱讲笑话又爱唱歌，经常把大家逗得哈哈大笑。这种人见人爱的甜心，在所有人眼里都是活宝，是很容易被记住的。无论是老板还是主管，都对她青睐有加，每当公司举办活动，第一个想到的人就是她，平时聚会，最活跃的人也是她，无论她走到哪里都能带来欢声笑语。

王娅楠的性格和杨乐姗截然相反，她平时少言寡语，不苟言笑，中午吃饭的时候总是一个人默默坐在不起眼的角落里，存在感非常弱。入职大半年了，很多同事都不知道她的名字。这种老实人注定不会引起关注，注定被遗忘被忽略。她每天安安静静地做事，像老黄牛那样任劳任怨，刚刚完成任务，领导又交给她一大堆工作来做，她二话不说就开始埋头做事，从不计较谁做得多谁做得少。其实她是一个很有灵性的女孩子，只是别人没发现而已，她对业务特别熟悉，任何一个与业务相关的知识她都了若指掌，若是有人考她，她定能脱口而出地答出。

由于不爱说话，性格太过老实，王娅楠没有受到应有的重视，为此她十分苦闷。杨乐姗能力平平，除了会搞笑以外，并不擅长什么，工作上拈轻怕重，没有什么过人的表现，即便如此，她仍然是大伙眼里魅力无敌的甜心。王娅楠觉得这很不公平，她这才意识到默默无闻的老实人从来就不是主角，特别二的傻白甜、风风火火的霸道总裁、漂亮聪慧能说会道的女白领，头上都有主角光环，而勤勤恳恳、默默耕耘的老实人连配角都算不上，最多算是跑龙套的。这种龙套角色要多苦有多苦，活干得最多，汗流得最多，升职加薪的事却总是与其无关。做得越多，犯错的概率就越高，受批评的次数就越多，到头来还不如少做或不做。

王娅楠忿忿不平，觉得老实人永远都不会被善待，于是决定随波逐流，不再老老实实傻干，要效法偷工减料的杨乐姗那样少干活多说话，把所有人哄开心。她想如今这个世道就是这样，油滑的人通常能混得风生水起，默默苦干的人不管奋斗多少年，都不能与之相提并论，既然如此，她又何苦坚守自我，干脆也变成滑头好了。王娅楠花了很多时间来研究杨乐姗，把对方的搞笑本领全部学了过来，做事越来越不上心。她的确赢得了关注，以前同事都不爱搭理她，现在全聚在她周围听她讲搞笑的段子，她成了公司里除杨乐姗之外，第二个搞笑高手。

转眼两个月过去了，老板终于忍不住找她谈话了："小王，你现在比以前开朗多了，不像原来那么压抑了，这是好事。可是不知为什么，你做事不如原来卖力了，你能向我解释一下具体是什么原因吗?”王娅楠不方便直言，随便找了一些托词搪塞老板，以为可以蒙混过关。然而老板毕竟见多识广，顷刻便拆穿了她的谎言：“小王，你没有说实话。我真为你感到惋惜。你是个很有潜力的员工，以前虽然不爱吭声，但总能把该干的活干好，把事情交给你做我很放心，本来打算提拔你做总经理助理，可惜你现在不在状态，我只能另外物色人选了。”

王娅楠一听后悔不已，她原以为自己的付出老板从来都没放在心上，没想到她所做的一切老板都看在眼里，她后悔没能坚守住自己，选择了随波逐流，眼看着大好的机会白白溜走。

智者随遇而安，愚者随波逐流。人若是缺乏随遇而安的智慧，就会陷入无休止的挣扎，永远惶惑茫然。懂得随遇而安的人是有福的，这样的人无论经历过多少浮浮沉沉，见过多少风云变幻，都不会被磨难压垮。不甘于随遇而安，一心想着随波逐流，违背内心，完全遵从世俗，就会丧失独特的个性以及自身独有的芬芳，最终淡褪了棱角，学会了矫饰和浮夸，沦为了丝毫没有任何特点的庸人。

要做到临危不乱

明代有个叫吕得胜的人说：“一切言动，都要安详；十差九错，只为慌张。”意思是人在慌乱的情况下，往往错漏百出，诸事不成，唯有静下来，冷静镇定，方能使事态向有利的方向发展。可见一个人能不能经受住考验，日后能否有所造就，要看他在关键时刻，能不能稳住阵脚、随机应变。

面对突发事件和紧急情况，你是否能静下来，做到临危不乱呢？怕是大多数人都做不到这一点。有的人遇到一点小事就慌慌张张，不知所措，仿佛世界末日来临了一样，遭遇重大变故，当然更慌乱了，根本就无法应对危机。很多时候，打败你的不是突如其来的变故，也不是从天而降的危机，而是你的紧张和慌乱。心越慌，你越想不出应对之策，越着急步伐越凌乱，反而会使问题更加复杂化。

费鸿和胡睿在同一家集团公司上班，两人都已人到中年，好不容易熬到了中层管理者的位置，收入到了中产水平。不料天有不测风云，公司发展进入了瓶颈，眼看就要被收购了。老板一边积极寻找投资人，希望能力挽狂澜，一边做好了最坏的打算，四处寻找买主。那段时间公司里人心惶惶，四处弥漫着一股紧张压抑的气息，费鸿就像什么事情也没发生似的，照常上下班，胡睿则慌了神，整天心绪烦乱，根本没有心情做任何事了。

终于有一天，老板正式宣布公司将被竞争对手全盘收购，届时免不了要经历改组、裁员的阵痛，希望大家不要太过慌乱，只要是人才经过大浪淘沙的筛选之后，都能留下来。胡睿心想：竞争对手的老板只信任企业内部的核心员工，根本不可能重用原来的领导层，他铁定是要被裁掉了。一想到人到中年还要到人才市场上找工作，他就心烦不已，觉得以他现在这个年龄，找到理想工作的几率几乎为零。为了保住饭碗，胡睿费尽了心思，平时邋里邋遢的，现在忽然讲究起来，把自己装扮成了西装革履的商务人士，他极力想给新老板留下一个好印象。

两个月后，大规模的裁员开始了，下岗的人越来越多，办公室越来越宽敞，氛围越来越冷清。很多员工都跳槽了，留下来的人暂时没有更好的去向，大部分持观望态度，随时准备离开。胡睿心想不到万不得已，他是不准备离开的，他已经过了黄金年龄了，如今仍处在不上不下的尴尬位置，若是再换一个天地怕是很难适应了。每当看到同事被解雇，收拾东西黯然离开的时候，胡睿的心情都无比复杂，他在庆幸之余，又感到分外紧张，生怕下一个轮到自己。

胡睿每天提心吊胆、心神不宁，每每看到别人离去，心中都会生出一种兔死狐悲的悲怆感，作为旁观者，他受了不少打击，整个人都憔悴下来。他不明白费鸿为何还能如此镇定地继续做事，于是就在午餐时间直言不讳地问道："你为什么仿佛置身事外似的，一点也不关心周围的情况，难道你不担心自己被裁掉吗？"费鸿不动声色地说："担心有什么用呢？我们现在唯一能做的就是在一天就做好一天的工作，其他的交给老天吧。""你冷静得可怕。真是太让人难以理解了。你我基本上算同龄人，咱们都不年轻了，现在到人才市场上竞聘，一点优势也没有。我真搞不懂，都到火烧眉毛的时刻了，你为什么还那么淡定？"胡睿问。"不淡定又能如何呢？你慌里慌张就能成功渡过难关吗？人只有在冷静的状态下，才能想出更好的法子啊。"费鸿说。"你一直都挺冷静的，想出什么法子没有？"胡睿试探着问。

"我想我们应该好好表现，让新老板看到我们的价值，争取留下来。"费鸿说。对于胡睿来说，这是条无效建议，他的心思早就不在工作上了，整天都在为不可预测的未来担忧。他猜测得没错，新老板一来，公司的领导层就实现了大换血，原来的中高层几乎全被裁掉了，他本人也下岗了，只有费鸿被保留了下来。原来新老板在接手公司之前，派了不少工作人员混迹于组织内部观察情况，所有人都一致认为，费鸿面对危机，处变不惊，是干大事的料，所以费鸿成了唯一保留下来的管理人员，并被当作了新老板重点培养的对象。

每临大事有静气，是一个成功者必备的素质。一个沉着冷静的人，在危难到来时，往往能急中生智，做出惊人之举。美国的萨利机长在两具引擎同时熄火，发动机完全失灵的情况下，将飞机成功迫降到哈德逊河河面上，避免了空难悲剧的发生，机上155名乘客和工作人员全部生还，这是飞行史上的奇迹。面对存亡攸关的大事，少有人能向萨利机长那样处变不惊，继续保持原有的理智和从容，所以能转危为安、逢凶化吉的人，自古以来就寥若晨星。这也许就是平庸者多卓越者少的根本原因吧。

思考是一种静态的力量

著名作家乔治·克里斯托弗·利希滕贝格曾经告诫人们：“永远不要忙得没有时间去思考。”现代人都特别忙碌，忙得没时间好好坐下来用心吃一顿饭，忙得没有时间静静发一次呆，忙得没有时间思考自己究竟为何而忙碌。这是非常可怕的，因为忙来忙去，很有可能劳而无功，或是一直都在原地打转，呕心沥血的付出没能换来任何成果。

由于禁不住浮华世界的诱惑，顶不住现实的压力，人们越来越浮躁不安，越来越不能冷静，活得忙碌而麻木，丧失了思考的意愿和能力。许多人惧怕看到真相，惧怕看穿忙碌背后的空虚，故意拒绝思考，整日逼迫着自己像机器一样不停地运转，试图以此掩盖所有的不安。偶然闲下来的时候，才发现原来自己仍在原地踏步，兜兜转转又回到了原点，所有的忙碌都是瞎忙、白忙。

静下来的人，大多喜欢思考，因为他们深知现在抽不住时间思考，迟早要腾出双倍的时间后悔。不经思考，便会陷入无休止的忙碌，不仅无法让付出和所得呈正比，还会让自己陷入持久的盲目。思考赋予人灵性、智慧及力量。拥有思考能力，是人和动物的根本区别所在，也是人成为万物灵长的根本原因。

人在不能冷静的时候，往往不屑于思考，或是本能地抗拒思考，因为急于要用行动证明自己，急于用漫无目的的忙碌提升自身的价值。结果往往适得其反，不仅找不到自身的价值，反而陷入了无休止的恐慌和空虚中。

著名小说家米兰·昆德拉说："人类一思考，上帝就发笑。"指的是过度的思考，会把自己弄得痛苦不堪，上帝之所以发笑，是在嘲笑人类的愚蠢。许多人认为停下来静静地思考，是出不了生产力的，想法本身不能转化成价值，浪费太多的时间思考，就会错失行动的良机。这种观点有一定的道理。过度思考的确不可取，可完全不思考，更加不可取。

林志安有一次和朋友谈心时，朋友忽然大发感慨地说："我觉得现在的生活太可怕了，我们这么忙，忙得连思考的工夫都没有了。"林志安笑笑说："你这话多少有点危言耸听的味道，忙碌有什么不好？我们忙碌说明公司需要我们，社会需要我们，只有退休的老年人才落得清闲，因为他们不再被别人需要了。"朋友又说："你不觉得我们越来越像机器了，不知道自己为什么活着，只是日复一日地旋转，这难道不可悲吗？"林志安不以为然地说："你干嘛那么多愁善感啊，还说自己没时间思考，我看你是思考过度，想得太多了，这样充实地活着有什么不好？"

光阴荏苒，物转星移，转眼一年过去了。朋友虽然很困惑，但依旧没有停下奔波的脚步。林志安却被迫提前闲下来了，因为病痛。辗转病榻的日子，他想了很多，反复回味那次跟朋友之间的谈话。他忽然变得迷茫起来，不知道自己这么多年来究竟为何操劳为何奔忙。上学的时候，他披星戴月地寒窗苦读，是为了考上一所好大学，考上好大学是为了得到一份好工作，有了好工作以后他继续忙碌不休，为前程忙个没完没了，可是有了好前程又能怎样呢？在生意场上钻营，在办公室里忙忙碌碌，换来的又是什么？他真的感到幸福吗？如果他感到不快乐不幸福，忙碌的价值又在哪里呢？

林志安认为人生的终极目标就是舒心、快乐、幸福，其他的都是次要的。人活着必须要有追求，不能麻木不仁地混日子，也不能只顾奔前程，最重要的是不能太过世俗，一定要让生命绽放出属于自己的光彩。大病初愈之后，林志安彻底改换了精神风貌，他不再麻木被动地忙碌了，开始试着享受工作的乐趣，享受生命的每一天，他不再热衷于专营和利益的争夺，把精力放在了更有意义的事情上，每天下班他都不忘陪伴孩子度过一段甜蜜的亲子时光，致力于寻回失落的亲情。

学会思考以后，林志安似乎变得多愁善感了，但他的内心却更加坚强了，他找到了人生的意义，领悟了生活的真谛，活得更加充实快乐了。

思考是一种静态的力量，不能冷静的人当然不喜欢思考，因为他们急于动起来。事实上，没有思考，就没有有效的行动。思考会使人突破自身的局限，变得清醒而强大。法国哲学家帕斯卡尔说："人是会思想的芦苇。"芦苇是非常脆弱的东西，狂风过境，纷纷披靡，人类亦是如此，任意一场天灾人祸都可置人于死地。可是因为有了思考的能力，人类便成了智慧的生物，有能力预防和阻抗厄运，能采取积极有效的行动，步步为营地达成目标。最重要的是有了思考能力，人类便有了更高层次的追求，不满足于眼前的苟且，不局限于现有的生活，就能活出全新的自我。

不做违心的事情

周国平说："人的精力是有限的，有所为就必有所不为，而人与人之间的巨大区别就在于所谓所不为的不同取向。"他认为："每一个人的禀赋和能力的基本性质是早已确定的，因此，在这个世界上必定有一种最适合他的事业，一个最适合他的领域。"只要找到自己喜欢又能一展所长的领域，就可以有所为了。在有所为的同时，要尽量克制贪欲，不做违心的事情。

静下来的人有底线，有禁区，知其可为，知其不可为，绝不会为了跻身某个阶层，挤进某个领域而丧失原则。虽然我们生活在一个多元化的社会，但人们的价值取向基本趋同，人们所看好的行业、领域、职位高度一致，谁都想财智阶层，拥有更广阔的发展空间，更优厚的福利待遇，问题在于优良资源是非常有限的，大家面临着粥少僧多的局面，这就意味着竞争格外激烈。面对利益的诱惑，有的人不能冷静，会丧失理智，失去底线，热衷于倾轧和蝇营狗苟，采用不正当手段窃取自己想要的东西，进而走上歧途。

马仁毅和高洪全是同窗好友，读大学时两人感情非常好，是关系很铁的死党。毕业后高洪全顺利找到了工作，马仁毅却长期高不成低不就。高洪全念及昔日的情谊，便将好兄弟马仁毅介绍到自己供职的公司来上班。经过一年的打拼，高洪全成了办公室主任，马仁毅仅仅是个干杂活的助理。为了更快地成长起来，马仁毅经常向高洪全讨教经验，由于两人关系很好，高洪全对他几乎是知无不言言无不尽，平时不仅教导他该如何跟各级领导相处，还把上级布置的工作方案、改革议案等重要资料全部拿给他看。

后来，老板打算从基层提拔新人，高洪全极力劝说马仁毅主动出击，竞聘办公室副主任的职位，每次马仁毅都摆摆手说自己资历尚浅，还有很多东西要学，不适合参加竞聘，希望继续在高洪全领导下锻炼几年。高洪全说：“办公室副主任的工作并不复杂，你现在就能胜任，何必要浪费几年时间在基层工作呢？”马仁毅一再强调自己还没准备好，没有信心胜任更高的岗位。眼看就到了竞聘上岗报名的最后期限，高洪全再次提醒他报名，又一次被马仁毅拒绝了。

公司举办竞聘演说会那天，高洪全代表公司高层打开了密封在档案袋里的竞聘人员的申请资料，一眼看到了马仁毅填写的表单，其竞聘的职务是办公室主任和人力资源部经理。看到一行行熟悉的字迹，高洪全惊讶不已，他真没想到昔日的好友会对自己撒下弥天大谎，口口声声说不参加竞聘，背地里却偷偷准备材料。他真不明白马仁毅为什么要欺骗自己，想来想去想不通。

很快轮到马仁毅上台发表竞聘演说了，高洪全默默在心里为他加油。马仁毅发挥得出奇的好，赢得了台下阵阵的掌声，高洪全也在为他鼓掌喝彩，恨不能提前祝贺他事业更上一层楼。竞聘演说落幕后，董事长阴沉着脸把高洪全叫到了办公室，劈头盖脸地将其训斥了一顿。高洪全一头雾水，不知道自己错在哪里。

董事长说："在竞聘演说开始前，马仁毅私下里见了我，他要求顶替你成为新的办公室主任。我一口回绝了他的请求，他很不甘心，扬言说他比你更有能力也更称职，最起码他能守口如瓶，懂得保守秘密。紧接着他把公司还没实施的设想以及你提交给我的工作方案、改革议案等材料一字不落地背诵了一遍，说这些内容全都是你泄露给他的，还大段大段地引用了我写的批示，你知道我听完之后的感受吗？你泄露的东西虽然算不上是什么商业机密，不会给公司造成直接的损失，但你的行为会给公司带来十分恶劣的影响。要是每一个干杂活的助理都能轻而易举地提前知道公司高层的指示，那么领导层的威仪何在？你自己好好反省反省吧。还有，交朋友要小心些，像马仁毅这样阳奉阴违的人最好不要深交。"

高洪全说："我当时是想把马仁毅培养成得力助手，所以才会给他看工作方案、改革议案等材料的，我万万没想到他会背着我做出这样的事。"董事长叹了口气说："知人知面不知心呐，我希望你能充分吸取教训，别再那么轻易相信人。"事后，高洪全受到了小小的处罚，写了一份检讨过失的书面文案，马仁毅则直接被开除了。董事长认为马仁毅心术不正，为了得到想要的东西可以不择手段，让他继续留在公司，势必损害公平竞争，败坏公司风气，所以毫不犹豫地将其扫地出门了。

人什么都可以跨越，唯独不能跨越底线，超出底线范围的事情，即使给你再好的条件你也不能做。你可以贫穷，不能背叛良知，丧失人格；可以不做圣人，但不能胡作非为；可以不做谦谦君子，但不能去做奸佞小人。一个人的能力有大小，不是谁都能迈向辉煌，你可以不伟大、不卓越，平平凡凡地活着，只要守得住底线，无愧于心，依然能收获简单的快乐。人之一生，最可怕的不是不能出人头地，而是为了出人头地无所不用其极，践踏了公义和良知，成了一个龌龊卑劣的人。人生短短几十年个春秋，在有限的生命里，你不能把宝贵的时间浪费在尔虞我诈的算计上，你可以没有作为，但不能劣迹斑斑，在任何时候都不要做违背良知的事情，这样才能坦坦荡荡地度过一生。

静下来，多拿出一点耐心

人生的际遇是很奇妙的，有时你沉下心，多等一分钟、一小时或是一天，结局就有可能有所不同。这就好比等车的经历，你多等几十秒钟或是一分钟，也许过不了多久就有一辆公共汽车呼啸着驶来，若是连这点耐心都没有，那么怕是任何一辆车都搭乘不上。很多时候，你错过一次又一次机遇，不是因为造化弄人，也不是因为上帝故意跟你开恶意的玩笑，有意让你和重大机遇擦肩而过，而是因为你不能冷静，没有耐心，在事情出现转机之前就调转了方向。

我们都非常熟悉否极泰来这个词，它指的是一个人倒霉到了极点，事态往往会向好的方向转化。可是多数人等不到否极的那一刻就放弃了，当然不可能等到泰来了。生活中这样的例子比比皆是：一个销售员平均被拒绝 30 次才能成功签订一笔订单，很多人在被拒绝 29 次后放弃了；一个刚走上社会的大学生平均被拒绝 20 次能找到一份相对稳定的工作，很多人在被拒绝 19 次后放弃了。也就是说只要再多等一会儿，再坚持一次，结果就会截然不同。

在你跌到低谷的时候，在你感到灰心绝望的时候，先不要让自己倒下，耐住性子再等等，也许无需等待太久，奇迹就发生了。深陷困境，谁都会烦躁不安，在这种时刻，你必须静下心静下来，再多等一会儿，也许危机背后就是转机。

战乱时期，有一位商人为了避难，把所有的家财换成了几张价值数百万元的珍稀邮票，将其小心翼翼地藏在了一把油纸伞的伞柄里，然后乔装成了平民百姓，准备投奔老家的亲友。旅途中他受尽了舟车劳顿之苦，时值盛夏，骄阳似火，天气热不可当，他又困有倦，半途在茶馆里打了一个盹，睡醒之后发现桌上的雨伞不见了。

他四处向人打听有没有看到一把油纸伞，神情无比慌乱，人们都很诧异，一把雨伞而已，丢了再买一把，何必那么着急呢？他连忙解释说，这雨伞是旧物，对他有特别的纪念意义，他必须要找到它。人们好心劝他．不要白费力气寻找了，来茶馆里喝茶的人很多，怕是某个人顺手牵羊拿走了，茫茫人海到哪里寻找，要找到偷伞的窃贼，岂不是比在大海里寻针还难么？

商人不甘心，那可是他全部的家当，毕生的积蓄，不能白白丢了，这些话他又不方便明说。心情平复以后，他开始分析当前的形势，发现随身携带的包裹没被动过，断定那个盗伞之人不是惯犯，很有可能只是顺手牵羊拿走了，说不定那人就是附近的居民。抱着最后一丝希望，商人在附近租了房子，长期居住下来。他现在只剩下一点盘缠了，只能住廉价的旅馆了。

安顿好了以后，商人购买了各类修伞工具，摇身一变成了一名修理工，不过除了雨伞之外，什么都不修。他默默地等待着，希望那个盗伞贼能出现在自己眼前，将那把油纸伞物归原主。一天天过去了，他记不清自己修好多少把雨伞了，那把油纸伞始终没有出现，那个不知其名的盗贼就好像人间蒸发了一样，始终不见踪影。商人琢磨着再这样下去．他连房租都要交不起了，到时很有可能露宿街头，沦落成乞丐。天下还有比他更倒霉的人吗？百万富翁沦落成修伞匠，又由修伞匠沦落成乞丐，以后的日子真的不堪设想。他觉得自己简直倒霉到了极点。

在最艰难的日子里，商人没有放弃，他决定再等等看。他发现雨伞如果太过破旧，完全不值得一修时，人们会毫不犹豫地购买新伞。于是想出了一个好主意，在摊位上摆出了“旧伞换新伞”的招牌。起初人们很犹豫，不相信这种以旧换新的好事，有几个贪便宜的人大胆尝试了一次，果然用破伞换来了完好无损的新伞，人们这才放心来换伞。没过多久，一名中年人带着一把破旧的油纸伞现身了，商人一眼就认出了自己当年丢失的那把伞，他激动得险些昏厥过去，不过表面上依然很平静。他像什么事情都没发生过一样，默默地递上一把新伞，接过那把令自己朝思暮想的旧伞。待中年人离去后，他马上从伞柄中取出邮票查看，看到那几张价值连城的邮票，心中的一块大石总算落了地。

商人得了邮票后，迅速离开了。后来亲戚做生意亏了本，他把自己的故事原原本本地讲给对方听，不无感慨地感叹道："先别绝望，再等等看，也许过不了多久事情就会出现转机。我当年就是这样安慰自己的。我差点失去一切，好在我等到了那把伞。"亲戚受到了鼓舞，耐着性子继续坚持了一段时间，半年后市场情况看好，生意渐渐好起来，不但弥补了之前的亏损，还大赚了一笔。

也许你认为等待是消极的、被动的，与其傻傻地等待，不如主动出击或是果断放弃，事情却不是这样，等待并不意味着坐以待毙，它指的是静下来，多拿出一点耐心，静观局势的变化，在时机最有利的时候再果断出击。客观因素是你无法左右的，你只有等到雨过天晴之后，才能顺势而为，扭转局面。有时候安静地等待比做无谓的挣扎更有用，等到最黑暗的日子过去了，也许你就能迎来黎明的曙光。

让躁动的心安静下来

久居喧嚣的闹市中，人们往往喜动不喜静，似乎忘记了安静也是一种能量。如今能静下来，潜下心来，享受静谧的人越来越少了。大多人都想制造出一点响动，对周围产生一点影响，要么忙于应酬，要么奔走于各大交际场，被欲望牵引着忙碌不休，早已忘记了做事的初衷，甚至本末倒置，放弃了脚踏实地的努力，一心想着走捷径。静下来的人不会把时间浪费在酒场聚会上，而只会潜下心来钻研，因为他们相信“静而后能安，安而后能虑，虑而后能得”，认为静比动更能催人奋进。

无论人还是事物，过于躁动，就显得轻浮和浅薄，安静下来，方令人觉得厚重和可靠。古人说“静以修身”“非淡泊无以明志，非宁静无以致远”，静能让人自省，使人心无旁骛，更好地专注于当下。静的力量是不可小觑的，一滴水滴落的时候不会发出太大的声响，时间久了，却能把檐下的石板凿穿；一把种子看起来非常不起眼，发芽时无声无息，可它却能把致密的头盖骨撑开。同理，静下来的人，安静的人，往往比那些聒噪的人、为名利疯狂的人，身上潜藏的能量要更足，因为他们把力量都消耗在对的事物上了，不被任何事分心，所以更容易在某个领域做出成就。

有些人认为静等同于木讷，在现代社会，必须认识更多有头有脸的人物，到处散发名片，在酒桌饭桌上，于觥筹交错中凝聚感情，才能获得更多的收益。安静的人不知道怎么为自己聚集社会资源，怕是奋斗一生，也不会有什么好结果。事实似乎是这样，但又不尽然。如果你在别人眼中没有分量，无论怎么积极奔走，都不可能把这份无足重轻的交情转化成自己的资源，一切的努力都是枉费心机。与其如此，还不如静下心来，认认真真做好自己该做的事，自己成全自己。

李熠是一个非常内向的人，只知道埋头做事，在社会上摸爬滚打了三年，连崭露头角的机会都没得到。同学对他说："你不能再这样下去了，必须让自己动起来，多印发一些名片，让更多的人认识你，这样才能为自己争取到更好的平台。"李熠认为同学说的有道理，立即印发了上千张名片，像发传单一样见人就发，同学劝阻道："你不能乱发名片，必须想办法让一张小小的名片换来最大的效益，最好把它递到大人物手上。"

李熠立刻领会了，从此开始有的放矢地分发名片。干了这么多年采编，他没有写出一篇像样的东西，早就产生了转行的想法。他想写书，他做梦都想成为继韩寒、郭敬明之后的第三位 80 后作家。目前，他最大的问题是自己籍籍无名，没人看好自己写的东西，缺乏出版渠道。他认为只要搞定出版社的编辑，一切问题都不会成为问题。为了见到出版社的主编，他在楼下足足等了一个钟头，然后诚惶诚恐地递上了名片。主编接过了名片，两人就算认识了，承诺以后会抽空看看他的作品。

转眼一年过去了，主编依旧腾不出空闲，李熠写的东西他一个字也没有看过。在长达一年的时间里，李熠先后接触过不少有头有脸的人物，有的是编辑，有的是图书策划师，有的是杂志社的老板，他以为结识了这些人物，自己的命运就会为之改变。每每提及这些大人物，他脸上就会流露出自豪的表情，逢人便说："xx，我认识，前些日子我们还一起喝过酒。"如果对方不相信，他就会掏出手机，让对方给 xx 打电话询问，以此证实两人确实有交情。其实他和那些人不过是点头之交，只是在一起吃过几次饭喝过几次酒而已，并没有人把他看成可以与自己平起平坐的朋友。

有一天同学问："既然你认识这么多大人物，为什么不提出书的事啊?”李熠这才想起了出书的事情：“哎呀，我整天忙着应酬，都快把正事忘了。”紧接着，他便带着作品四处求人，那些朋友大多敷衍了事，根本无心翻阅他写的东西，只有杂志社的老板答应找时间看看，刚看完一页纸就看不下去了：“文字太粗糙了，不适合在杂志上连载。”李熠赔着笑脸，希望老板看在往日交情的份上，给他一个机会，对方并不买账：“你的东西写的不行，我怎么能破例给你连载呢？这和我们是不是有交情无关，我不能因为你降低杂志的质量。”李熠感到无比失望，那位老板在他起身告辞之前，给了他一个忠告：“我劝你静下心来好好练练笔，别把时间花费在跟人吃吃喝喝上，搞文字创作的人必须有安静的气质才能成事，像你这么浮躁，怎么能写出什么好东西来呢?”

动起来很容易，静下心却很难，你拥有足够强的定力，才能安守一份静谧。真正胸中有丘壑的人，大都懂得静水流深的道理。静水下的世界往往深不可测，人亦如此，安静深沉的人，体内往往蕴藏着大智慧和大能量。抑制住躁动的心，安放好自己的灵魂，不沉迷于表面的喧嚣热闹以及华而不实的友谊、没有价值的社交，静静地做好自己喜欢的事，经营好现有的生活，往往能收获更多。

平心静气才不会与人争斗

有人认为只要有竞争存在，人与人之间就注定要斗争不休，因为竞争的本质就是利益的争夺，狭路相逢勇者胜，谁能笑到最后，谁就能成为最大的赢家，获得更好的生活。故人与人之间的争斗是古往今来必有的剧目。那么事实果真如此吗？只有参与争斗，才能保障自己利益不受损，才能赢得更加美好的生活吗？

当然不是。但凡静下来的人，都不会相信这样的观点，是否卷入纷争，参与各种争斗，完全是你自己的选择，你若不喜欢与人争斗，没有人会逼迫你那么做。人之所以喜欢勾心斗角，是因为自己不能冷静，并非是被环境所迫。身有静气，能够静下来的人，通常不屑与人相斗，其心境就像那首小诗里描述的那样："我和谁都不争，和谁争我都不屑。"不争不斗，是一种境界，更是一种智慧，唯有放弃无聊的明争暗斗，方能专注笃定，把事情做到极致。事实上热衷于争斗的人，大多成不了大器，因为他们把过多的精力放在了惹是生非上，没有心思静下心来做事了。与人争斗是一件非常劳神费心的事，它会吸走你大部分的精力，让你力不从心，所以任何领域的顶尖人物都不可能是热衷于与人争斗的人，他们忙正事都忙不过来，哪儿有时间考虑耍弄心机呢？

胡嘉月是一个非常独特的女子，在人们固有的印象里，所有业绩好的销售人员都热衷于鼓弄三寸不烂之舌，气势咄咄逼人，推销产品时常不自觉地流露出侵略性和紧迫感，不给客户留余地，急着催促别人下单。胡嘉月却不是这样，她娴静得体，没有任何攻击性和侵略性，说话语调平缓，丝毫听不出急切的感觉，然而就是这样一个安静斯文的姑娘，销售业绩一直都是最突出的。每月月末总结的时候，胡嘉月都是遥遥领先。

胡嘉月气质宁静，没有争斗意识，她从未把谈生意当成唇枪舌剑的战争，只想着把好的产品好的服务提供给客户，让双方达成共赢。对外她的态度是这样，对内也是这样。在销售部，业务员经常为了争抢大客户而斗得头破血流。客户的潜力和财力，直接决定业务员的业绩和收益，在事关利益的问题上是大家全都互不相让，内部争抢订单的事情时有发生，这就造成了很大的内耗。胡嘉月从来就不参与纷争，假如上级没有把好的客户分配给她，她就自己主动开发新客户，因此从未与人起过争执。当齐娜插着腰向主管告状，说胡嘉月抢了她的客户时，主管根本就不相信。齐娜非常生气，气势汹汹地说："那个客户是我最早接触的，如果不是胡嘉月半路杀出来，我早就把订单签下了，她这样做太不地道了。"主管说："既然你最先接触了这名客户，率先与客户签订订单的人应该是你，而不该是别人，客户宁愿跟最近接触的人签单，也不愿与你签单，这说明你的工作方法有问题。"

"这怎么能怪我呢？明明是胡嘉月抢单。"齐娜气得脸都扭曲了，嚷嚷着要跟胡嘉月对质。为了息事宁人，主管只好把胡嘉月找来问明情况。胡嘉月说："客户从未在我面前提过齐娜的名字，我不知道她事先跟客户接触过，若是知道，我绝对不会跟单的，这是我做事的原则。现在既然客户已经签单了，我们就不能毁约了，理应给人家发货。为了保障客户的权益以及部门的利益，我们应该遵照合约办事。既然这个客户是齐娜的，那么就让她继续为这位客户服务好了，我不会计较的，业绩算在齐娜头上吧。"

胡嘉月的深明大义令主管分外感动，后来她主动给胡嘉月介绍了几个客户，算是对她的一种补偿。胡嘉月并没有因为让出一个客户而吃大亏，反而有了更多的收获。齐娜没能凭借自己的诚意和口才打动客户，却平白得了一单，表面看上去是占足了便宜，其实不然，她失去的远远比她得到的要多。她没有把精力放在提升自身业务水平上，过于热衷于投机取巧和钩心斗角，能力一点长进也没有，业绩始终不上不下。为了多签几个订单，她用尽了心思，有时故意把谈不下来的客户让给同事，事后又责怪对方抢单，利用各种手段逼迫对方跟自己平分提成。尽管机关算尽，她的业绩还是远远落后于胡嘉月，所得的不过是蝇头小利罢了。

能成就你的，永远不会是那些明争暗斗的伎俩，与其浪费时间争斗，不如花精力完善自身，多做一些更有意义的事。其实你最大的敌人是自己，而不是别人，战胜自我，完善自我，努力做到更好，你就自然而然成了技压群雄的强者，根本就不需要把任何人绊倒。

叫得响亮不如做得漂亮

仔细观察你会发现，大张旗鼓高喊口号的人，往往雷声大雨点小，做不出什么成绩，而静下来、不动声色，喜欢默默发力的人才是真正的狠角色，常能给人带来意想不到的惊喜，真可谓是不鸣则已，一鸣必惊人。这足以说明叫得响亮不如做得漂亮，越爱叫嚣的人往往会越早偃旗息鼓，从不发声的人，一旦发声必能石破天惊。

人们之所以热衷于四处宣扬到处叫嚣，其实是因为自己心里没底，既想通过这种方式为自己打气，又想让别人羡慕自己有理想有目标，心态无比矛盾。生活中，我们常看到有人一次又一次信誓旦旦高喊着："我一定要顺利通过职业资格考试，我一定要找到光鲜体面的工作，我一定要减肥瘦身，以最美的形象迎接更加美好的生活……"最后，一个目标也没实现，似乎这些热血激昂的话只是说给别人听的。而真正静下来的人，不纠结不矛盾，在不声不响的状态下，就把所有的目标实现了。

有人说，上等人喜欢不动声色干大事，心稳步稳；中等人喜欢边说边做，表现中规中矩，下等人吵吵闹闹不做事，只有嘴上功夫。一个人要想有一番作为，必须效法上等人，静下来，稳住心，在事情没做成之前，不急于到处宣扬。事成之后，无需宣扬，天下皆知。

刘家豪和赵溥是毕业于同一所高校的年轻人，供职于同一家企业，收入基本在一个水平线上，两个人经常聚在一起畅谈人生。刘家豪说："我受够了城郊结合部的出租屋了，那种鸟不拉屎的地方在地图上都找不到，环境脏乱差不说，治安也不好。平时我都不好意思告诉别人我的住址，免得对方想太多。我发誓在30岁之前，我一定要出人头地，成为成功人士，要有自己的事业，要有一套像样的大房子，要娶最漂亮的女人为妻，要让天下所有男人都嫉妒我羡慕我。”

赵溥很少开口谈目标谈理想，他说的最多的只是一般性的人生感悟而已。他不是那种喜欢喊口号的人，因为他认为实干要比喊口号有用。其实他又何尝不想有自己的家呢？为了在大都市里立足，他付出了常人无法想象的努力。刚毕业的时候，由于缺乏相关经验，他不得不从基层干起，那时苦活累活他全都要做，论专业能力和技术水平，他也许不是最棒的，公司里有大把大把的人才，在人才堆里，他一点也不起眼，可是在人才济济的公司里，他确实最踏实最努力，比任何人都敬业。作为北漂一族，他最大的梦想就是能安定下来，在辛苦打拼的城市买下一个安居之所。那时他一边辛苦工作，一边利用业余时间读硕士，压力非常大，很怕自己坚持不下去，不过他并没有像好友刘家豪到处宣讲自己的梦想。

转眼五年过去了，刘家豪依然待在出租屋里，生活没有太大的改变，每次朋友聚会，他依然热衷于发表各种人生宣言，不经意间便能说出几句令人热血沸腾的豪言壮语，朋友都听腻了，时常打趣他：“你真是光说不练，这么多年过去了，口号你已经喊过上百遍了，现在不还是老样子吗？”刘家豪不以为意：“别扫兴好不好，不能让我过过嘴瘾吗？”谁都没有想到平时不声不响的赵溥，居然第一个买了房子，第一个娶了太太，这个结果着实令所有人大跌眼镜。

“这真是真人不露相啊。”朋友纷纷感叹道。有人提议：“什么时候请我们到家中做做客，顺便拜见一下嫂夫人。”到了周末，刘家豪随好友一同参观了赵溥的家，房子并不大，装修得也不豪华，但布置得非常温馨，窗台上摆满了花卉，墙上挂了不少意趣盎然、境界悠远的字画，女主人娴静优雅，既能操持家务，烧得一手好菜，扮演好贤内助的角色，又能为男人出谋划策，成为成功男人背后的女人。在她的激励下，赵溥从一名基层职员成长为部门经理，他的人生迈向了新台阶。

刘家豪感慨万千地说：“我当年的梦想，怎么全被你小子给实现了呢？这真是巨大的讽刺啊，我天天挂在嘴上的目标，一个也没落到实处，你什么都不说，却把该做的事都做了。”朋友取笑道：“人家是实干家，你是演说家，你把时间都浪费在发表演说上了，当然什么都干不成了。”

静下来的人，往往都是不动声色的，他会在别人高声畅谈梦想的时候，暗暗地积蓄力量，艰难地上下求索，探寻人生的各种可能性。他从不用言语来证明自己，只会用行动来让人信服。他不刻意彰显自己，其成就却能让所有人看见。这正是这类人的非同凡响之处。

第六章

静下来，稳住心：专心致志地做好眼前的事

静心以养性，宁静以致远，在浮躁的社会环境中，涵养一点静气，更容易胜出，以静制动，动中求静，方能稳操胜券。

在人心躁动的时代，保持心中的平静是非常难得的，这种从容自若、气定神闲的姿态非常人所有，需要经过不断的修养、磨炼，才能达到这样的境界。静下来的人，每临大事能以静制动，举重若轻，庸常小事自然更能拿得起放得下。

与人交谈不要句句扎心

写文章言辞犀利、一针见血，会被人称道，但说话若采用同样的风格，给人的感受就完全变了。试想一下，如果有人在与你交谈的时候，话锋无比犀利，每一句话都像匕首一样，字字戳中你的要害，句句扎得你心痛，却句句让你无法反驳，你会是什么感觉？你会由衷地佩服对方敏锐的观察力，为对方的智慧所折服吗？当然不会。

毫不客气地说，说话一针见血的人，情商都不高，因为那是不能冷静的表现。一个智商和情商双高的人，即便具有敏捷的思维、深刻的洞察力，能一眼看破天机，也不会出口直至要害。因为他明白有些话还是烂在肚子里比较好，不经意地脱口而出，对别人可能意味着人身攻击，也可能意味着被当众羞辱，这样的话还是不说为好。

在古代，语言曾被当作攻城略地的武器，谋士可以凭借三寸不烂之舌在广阔的社会舞台上长袖善舞、纵横捭阖，到了现代，语言的功能和性质已然发生了改变，你若还把它当成彰显自己的智慧、攻击他人的武器，必然会引起众人的敌意。你可能很聪明，也很率性，见多识广，能看穿人心，平素知无不言，每言必中，说话句句又准又狠，为此经常洋洋得意，以为别人会对自己佩服得五体投地。千万别那么天真，被你伤害的人绝不会为你叫好，而只会对你心生怨恨。所以在发出惊人之语前，一定要静下来，争取三思而后言，太犀利的话最好咽回去，免得伤了和气。

陆嘉非常想跟同事搞好关系，他想如果能和同事成为聊得来的朋友，形成一种默契，工作配合的时候必能收获事半功倍的效果。所以只要一有空闲，他就会主动搭讪同事，有一搭没一搭地跟对方闲聊，可是他的热情并没有换来大家的友好对待，反而招来了不少怨恨。有人说跟陆嘉聊天，真的非常考验忍耐力，有人表示早已受够了那些不走心的话题，其实他们说的都不是心里话，大家讨厌陆嘉，主要是因为他舌头太毒辣，偏偏目光又犀利，总能用精准锐利的语言直击人心灵的敏感处，所以被他攻击过的人个个都对他恨得牙痒。

陆嘉本意上并不想攻击任何人。他是一个善于观察的人，所以说话能一语中的，他以为只要说中别人的心事，就能向对方释放这样一个信号：世上了解你的人并不多，我了解你，我知道你在想什么，需要什么，害怕什么，我是你的知己，我们应该成为朋友。可别人并不这样想，大家都认为他是一个绝顶聪明且攻击性很强的人，为了显示自己的智慧，不惜揭人伤疤。

有一天中午，陆嘉打算和同事王贵一起到附近新开的一家料理店尝尝鲜。王贵犹豫了一会儿，拒绝了："你去吧，我不去了，料理太贵了。"陆嘉借题发挥地说："你最近在节衣缩食吧，一顿料理都舍不得吃。听说你刚购置了新房，付完了首付，开开心心地当上了房奴，以后花钱都得精打细算，那滋味不好受吧。嗨，没房苦恼，有房更苦恼。兄弟，我奉劝你还是想开点，省掉一顿料理钱，并不能为你解决房贷问题，何苦亏了自己的嘴，你说是不是？”王贵无言以对，只好找借口说：“我不喜欢吃料理，犯不上花那些冤枉钱。”“看你的表情就是口不对心，以前你可是什么都想尝鲜，现在荷包缩水了，消费也保守了，没关系，你要不舍得花钱，我请你，不就是一顿饭吗？有什么大不了的，至于那么为难吗？”王贵被戳伤了自尊心，没有去吃料理，中午什么都没吃，因为气都气饱了。

还有一次，有位女同事在领完工资后，高兴地说：“好开心啊，这个月发的奖金比上个月多好几百块哎。”陆嘉听后说：“领了奖金，你一定会买双高跟鞋之类的小礼物奖励自己吧，利用这种方法为自己打气，不停地自我鞭策，盼望早点摆脱低薪状态。刚参加工作时，我也常这么干，这招挺管用，能让自己在灰暗的日子里兴奋一阵子，无论过得多苦，都能让自己保持斗志昂扬的状态，天天像打了鸡血似的，可生活依然没有变好。”

听完这番高论，女同事瞬间无语了。她必须承认陆嘉的分析很准确，可是那些话在她听来，句句都那么刺耳，就像一枚枚钢针扎在了她的心上，她觉得陆嘉是有意嘲笑自己，不由得对其心生反感，从此再也没跟陆嘉说过话。

评论时事的时候，你可以有广度有角度有锐度，与人交谈的时候，言辞最好不要过于犀利尖锐。有些事情看透不要说透，为别人保留一点颜面，呵护好他人的自尊。言谈之中，尽量使用温和的辞令，别去揭别人的伤疤，别刻意去触碰别人的柔软处，别把别人藏在心底的秘密道出，做人要敦厚一点，善良一点，学会为他人着想，要知道不是每个人都有强大的内心，不是每个人都受得了你直击要害的攻击，所以要尽量避开所有的敏感地带，发表言论要有所保留。努力做一个温暖柔和的人，让自己的言语也温暖柔和起来，学会对别人释放善意，你将收获同等的善意。

想招人恨就去挑别人的错

生活中，有一种人天生爱挑错，发现别人吐字不清某个音发音不准或是因为口误无心说错了一个词，会马上予以纠正，要是对方的话语中出现了逻辑不通、自相矛盾的语病，更是不能容忍，势必会在第一时间指出来。不知你是否会有类似的反应，与人交谈时，总忍不住要纠正对方的语病，喜欢纠错找漏洞，有时甚至达到了吹毛求疵的地步。不要以为这是一种温和的谈话方式，因为软刀子也扎人，你如果不改掉这种毛病，专门喜欢挑人错，不知要得罪多少人。

随意打断别人，热衷于纠错，既是一种失礼行为，也是一种不能冷静的表现。但凡静下来的人，都不会计较言语中的瑕疵，为了不让对方尴尬，能忍住纠错的冲动，认真地听对方把话说完，这样才不至于破坏友好愉快的谈话氛围。苛求别人把话讲得无懈可击是极其愚蠢的。我们不是演讲大师，不可能字字珠玑、舌战莲花，每个字每个词都使用得准确，也不可能把每一句话讲得滴水不漏，若细细考究的话，每个人所说的话都不够严密，全都经不起推敲，你若过于较真，对别人话里的语病纤毫毕究，就会给人留下刻薄、不通情理的刻板印象。有的人还会认为你轻狂傲慢、故意找茬，因此对你格外记恨。

徐芳平时非常喜欢挑错，看书专挑错别字和病句，看电影专找穿帮镜头，和别人交谈也总爱挑毛病。她不仅爱挑错，还非常喜欢向别人炫耀自己无敌的纠错本领。有一天午休时间，她在办公室里和同事分享前不久刚看过的一部雷人的网络小说，其中有这么一句：“我恨死日本人了，我爷爷九岁就被日本鬼子给枪毙了。”找到了病句，徐芳显得很得意，用戏谑的语气调侃道：“爷爷九岁就死于日本兵枪下了，爸爸是哪儿来的，主人公又是从哪儿冒出来的？难道是从石头里蹦出来的吗？”

“只是一段网文而已，你何必那么较真，我想作者想表达的意思是主人公九岁时，爷爷就被日本兵枪毙了。网络写手每天要码很多字，工作量很大，难免会有疏漏。”同事小冯不以为然地说，紧接着把话题转移到了旅游度假上。她说泰国的欧莱雅，便宜得离谱，简直就是白菜价，上次到泰国旅游，看到很多国人疯抢。“拜托，欧莱雅是法国的品牌好不好？”徐芳忍不住插嘴道。“我当然知道欧莱雅是法国的化妆品品牌，我刚才说泰国的欧莱雅便宜，又没说欧莱雅是泰国的品牌。”小冯不高兴地辩解道。

“你又说了一遍‘泰国的欧莱雅’，这句话本身就有问题，容易产生歧义，你应该说在泰国，欧莱雅卖得很便宜。”徐芳一板一眼地纠正道。“还不是一个意思。”小冯说。“区别可大了。”徐芳坚持道。小冯没理她，继续讲述自己的泰国之行，按照时间顺序讲述了一遍旅途中的见闻，期间被徐芳打断了若干次。“然后，然后，你一句话里说了几个然后，讲话颠三倒四，逻辑一塌糊涂，把时间线搞得乱七八糟，谁能听懂你在说什么。”

小冯感到有些不自在，转过头来问其他同事：“你们能听懂我说什么吗？”所有人均表示能听懂。其实小冯说话并没有太大的毛病，起承转合都是按照正常的逻辑顺序，听众几乎都能听明白，大家都觉得徐芳过于吹毛求疵了。屡屡被徐芳挑错，小冯已经没有兴致和大家分享泰国之旅了，随即把话题转移到古今中外的才女身上。她兴致勃勃地说：“论才华和智慧，巾帼不让须眉，女人不输于男人，我非常佩服法国的女雕塑家，比方说罗丹——”话没说完，又被徐芳打断了：“拜托，罗丹是男的，好不好？”

“我当然知道罗丹是男的，你听我把话说完行不行？我想说的是罗丹的情人卡蜜儿。”小冯解释道。“你这段话逻辑不通，自相矛盾，前面还说巾帼不让须眉，女人不比男人差，后面提到女雕塑家，刻意强调她是罗丹的情人，说到底，女人还是男人的附属品啊。”徐芳一本正经地纠正道。小冯叹了口气：“我说什么都是错的，不说了行不行？你不当语文老师真是太可惜了，那么喜欢改病句。”

由于太过热衷于挑错，徐芳无形中得罪了很多人。每当大家热火朝天地讨论问题的时候，见到徐芳远远地走来，全都禁了声，因为没有人愿意跟她探讨无聊的语法问题。有一次公司接手了一个大项目，需要全体同事鼎力配合分工合作，员工要分成若干个小组，结果谁都不愿跟徐芳一组，理由大致相同，都觉得徐芳不好沟通，徐芳这才意识到自己做人有多么失败。

与人交谈，本来是一件轻松愉快的事情，没有必要咬文嚼字，你不能像高中语文课挑语病那样去找别人说话的漏洞，也不能像辩方律师那样故意挑别人的疏漏之处，发现他人言辞之中的不当之处，最好一笑置之，不要毫不客气地指出来。处处给人纠错，并不能让人真心信服你，只会让人觉得你为了彰显自己聪明，故意贬低别人，为人轻浮，品德存在严重瑕疵，不值得交往。所以，你要学会欣赏别人的谈资，忽略细节上的微小错误，尽可能地照顾到别人的感受，如此才能赢得别人的尊重和好感。

不冷静的人才会信口开河

孩子喜欢用最简单最直白的方式表达自己的情感，说话无所顾忌，我们通常不会深究背后的含义，因为孩子的世界是纯洁无暇的，我们若是以成年人的思维妄自揣测，就是在亵渎童年的纯真。可是对于成年人就不一样了，同样的话，从孩童嘴里说出，我们会一笑而过，但从成年人嘴里说出，则会被视为没礼貌没教养的表现。成年人有成年人的语言系统和表达方式，不能像不谙世事的孩子那样乱说话，因为在成年人的世界里，从来就没有童言无忌这回事。

不能冷静的人，很像大孩子，心里想什么，嘴上就说什么，从不顾忌听者的感受，无意中伤害了很多人，得罪了很多人，事后不仅不肯反省自己的过失，还振振有词地说：这是在展露真性情，成年人也可以拥有一颗童心，像孩子那样不加掩饰地表达自己的真实感受，有什么过错？答案很简单，你肆无忌惮的稚语有时让人尴尬，有时戳痛了别人的软肋，有时伤了别人的自尊，有时大煞风景，毁了气氛，别人就有十足的理由认为你情商低或是有意给自己难堪。

作为一个成年人，讲话是应该有禁忌的，毕竟已经过了懵懵懂懂的年龄，你可以不会说漂亮话，可以不善表达，但不能不分场合地乱说话，不能信口开河，这是最基本的处事原则。千万别把不会说话当成童趣，千万别指望说错话之后，抛出一句“童言无忌，你别在意”就可以息事宁人，别人欣赏不了你的天真无邪，只会将那种率性、随意、过火的表达当成语言暴力，从此对你怀恨在心。所以管好自己的嘴巴很重要，如果你不想招惹是非，不想处处树敌，最好不要向任何人轻易吐露童言。

林娜大学学的是酒店管理专业，毕业之后进入一家星级酒店工作，从最基层的服务员干起。在这家酒店，她是最勤快的员工，每天都是第一个来打卡上班，最后一个离开，平时任劳任怨，什么累活脏活都干，对客人也非常热情，可是辛辛苦苦地干了两年多，依旧没有升职，很多后来的员工都进入了管理层，她却还是一个普普通通的服务员，为此她感到非常郁闷，整天跟同事抱怨，同事受不了她那祥林嫂式的唠叨，最后对她说：“你知道问题出在哪里吗？事情就是坏在你这张嘴上，平时讲话不注意，把领导和客人全得罪了，混到这个地步，还妄想着升职，不被开除就算不错了。”

林娜做事的态度没问题，工作起来堪称劳动模范，她最大的问题就是不会说话。无论见到谁都口无遮拦。有一天主管化了精致的妆容，涂了鲜红的口红，脖子上戴了一条光彩夺目的珍珠项链。所有的员工都夸主管漂亮，只有林娜发表了不同的看法，她凑上前去瞧了瞧主管的红唇和项链，叽叽喳喳地说：“这款口红的颜色一点也不适合你，显得脸色暗黄，涂再厚的粉底也没有用。这条项链我表姐也有一条，你戴着没她戴好看，你买的是不是冒牌货啊？这年头假货可多了，没有火眼金睛，还真容易被骗呢。”主管没有接话，瞪了她一眼，怒气冲冲地扬长而去。

林娜感到莫名其妙："主管今天这是怎么了？是不是更年期提前了？"同事听了直摇头，她们从来没见过这么不会说话的人，连连感叹道："你真像一个没有长大的小孩子啊。"林娜不明白是什么意思，并不觉得自己的讲话风格有什么问题，继续保持着直言不讳的表达方式。上午刚惹恼主管，下午又接连惹恼了好几个客人。她发现有位客人的头发很不自然，顿时好奇心起，于是不假思索地问道："先生，您戴假发了吧？"客人没有回答，脸上露出不悦的表情。林娜并没有察觉到客人脸色的变化，继续不识相地说："男人过了四十，普遍都秃顶，您不必因为自己头发少感到不好意思，其实秃子也挺有魅力的，像葛优啊、陈佩斯啊、孟非啊，不全都是光头吗？光头也能成为标志，何必戴假发掩饰呢？"客人气得脸色煞白："说完了没有？说完了请你马上出去。"

林娜吐吐舌头，从客房里退了出去，紧接着来到了包厢，有位客人要了一瓶汽水，开启瓶盖之后，发现里面没有气泡，非常生气，于是毫不客气地质问旁边的服务员："这瓶汽水为什么没有气？"林娜马上抢白道："怎么没有气？您现在不是一肚子气吗？一打开瓶盖，气就上来了，汽水里要是也有气，不是让您气上加气吗？""你这是怎么说话呢？正常的汽水本来就该有气泡啊。你们提供的饮品不合格，还说风凉话，实在太过分了。"客户一怒之下，投诉了林娜，林娜受到了批评，但心中仍无半点悔意。由于屡屡受到客人投诉，又不受领导待见，林娜无论干活有多么卖力气，都没有受到认可，苦熬了两年多的时间都没有熬出头。

管好自己的嘴，与约束自己的行为同等重要。做事无可挑剔，说话不用脑子，照样会给人留下话柄。讲话千万不能图一时痛快，要静下来，开口之前先把舌头绕三圈，把不该说的话全部过滤掉。有些雷区你千万不能踩，比如评价别人的高矮胖瘦，品评别人的假发假牙，询问对方是不是做过整容手术等等。平时要谨言慎行，不说任何冒犯他人的话，学会尊重自己，尊重他人，友好地和他人相处。

多说不如会说

长期以来，人们对口才有着根深蒂固的错误理解，误以为口若悬河、侃侃而谈，打开话匣子就一发而不可收，动辄发表长篇大论，才是口才绝佳的表现，其实不是，那只是不能冷静的表现而已。真正静下来的人即便有口才，也不会肆意卖弄，话不多，却句句精辟，言简意赅却深入人心，不用浪费多少唇舌就能让别人心悦诚服，轻轻松松便能达成沟通的目的。

可见，语言是一门沟通的艺术，宜简不宜繁，滔滔不绝、喋喋不休乃是大忌。不要把自己当成舌战群儒的诸葛亮，没完没了地卖弄自己的口才，因为那样做别人会觉得你夸大其词，缺乏交流的诚意。有时候多说不如会说，适当的闭嘴也是一种智慧，与其啰啰嗦嗦地说着不着边际的话，让对方反感，还不如暂时歇歇，想好了措辞再开口，把话语权交给对方。交谈时要照顾到对方的情绪，不要对别人不懂的东西津津乐道，不要自说白话，絮絮叨叨地说别人不感兴趣的话题。

记住，话不在多而在精，信息量太密集了，往往会使对方的大脑超载，无形中给别人带来了压迫感，这就是话唠普遍招人烦的根本原因。有时候话太多，说服力反而会降低，容易引起对方的怀疑。这种现象在生活中比比皆是：比如销售员介绍产品时夸夸其谈，把话说得天花乱坠，把大部分顾客都吓跑了。通用电器公司的一位副总裁在总结营销失败的经验教训时就曾经说过："我们在会议上投票表决，推销员为什么会失去推销机会，结果75%的人认为是说得太多了。"可见说得多和说得恰当完全是两码事，不改掉废话连篇、高谈阔论的毛病，所有的沟通都会成为无效沟通。

田蕾最近联系到了一个大客户，非常喜出望外，心想这下终于能扬眉吐气签下大单了，自入职以来，她一直没有开单，没想到天上真的掉了馅饼，给了她这么好的一次机会，刚刚放下长线，就钓上来一条大鱼。那位客户来自水乡小城，意图到北方发展，打算购买两套房产，一套用于自住，一套用来投资。如果不出意外的话，田蕾一口气就能卖出两套房产。

和客户见面之前，田蕾做了很多准备功课，把所有学来的话术都在心里默背了一遍，还认认真真地编了一套说辞，洋洋洒洒地写了五页纸。尽管准备很充分，她心里还是非常紧张，不停地跟同事唠叨：”怎么办？我要是搞不定这个客户怎么办？”同事笑笑说：“讲话不是你的强项吗？公司上下，谁的话都没你多，你不用紧张，正常发挥就好了。”田蕾想想说：“是啊，我没有别的长处，但耍嘴皮子的功夫还是有的，签下这笔订单还不是小菜一碟，更何况客户本来就有购买意向。”

在去赴约见客户的路上，田蕾制定了一个谈判方案，决定首先要在气势上压倒对方，在最短的时间里释放最多的信息，用密集的信息量砸晕客户，让对方思维短路，反应不过来，丧失讨价还价的机会，只剩下点头称是的份。见了客户以后，她一张嘴就说个不停，从房源的地理位置、交通路况、周边配套，讲到房屋性价比、内部装修、物业服务，一口气说了三个多小时。交谈期间，客户一句话也插不上，只能被动地充当听众的角色。

田蕾说话有一个特点，那就是一张口就是大套大套的说辞，话语就像泛滥的江水一样源源不断地流出，中间没有一点停顿。平时和别人聊天，大家都很惊奇，不知道她这样不喘气不换气地讲话会不会累。田蕾当然不会累，这是她的绝技，也是她的说话风格，她一直以此为傲。不料她这次口干舌燥地说了这么久，客户却不买账。对方听得无精打采，看起来昏昏欲睡，显然对她的那套说辞一点也不感冒。等到她彻底闭嘴了以后，客户才有表态的机会："田小姐，你太能说了，就像是在发表口头上的长篇小说一样，我实在插不上口，没有能力增加一个词一个字，如果能加上"一点"标点符号，停顿一下就好了，那样的话，你说得没有那么累，我听得也没有那么累。刚才你像轰炸机一样在我耳边轰炸个不停，给我的听觉和心理造成了很大的压力，大部分话我都没听进去。很抱歉，我不想从你手里购买房产了，我想我们不同频，我没办法接收你发出的信号。今天就到这里吧，我先告辞了。"

听了这番话，田蕾顿时哑口无言，她失神地望着客户远去的背影，平生第一次意识到，原来话多也是过错。

一般而言，多说无益，话越简洁越精炼越好，多余的话语往往是累赘，话说得太多太全，不仅会让听众抓不住重点，还会耗光对方的耐性，给对方造成听觉疲劳和心理疲劳。如果你不知道该怎么用精炼准确的语言把自己的意思表达明白，可以在开口之前打一遍腹稿，将重叠的内容和词语全部删除，把深奥的术语和难懂的专业用语统统去掉，保留主干部分，深入浅出地将内容娓娓道出，这样沟通通常能收到良好的效果。

不要强迫别人接受你的观点

不知你是否有过这样的体验：历经风雨沧桑后，积累了丰富的人生体验，总想把自己的经验教训推销出去，用来指导更多的人，看到后辈总忍不住要多说两句，总想扮演精神导师的角色，要么批评别人，要么替别人做决定，大部分时间都在不遗余力地向对方灌输自己的那套不成文的理论和思想，不允许任何人质疑。其实这就是好为人师的表现。不能冷静的人，普遍喜欢逞口舌之快，如果天性心高气傲，很容易犯好为人师的毛病。

真正静下来的人，喜欢以人为师，能看到别人的闪光点和长处，善于从别人的身上汲取智慧和经验。不能冷静的人则全然相反，不知向别人虚心求教，却喜欢以教导者的身份自居，动辄就向别人兜售什么警世良言，对别人的生活横加干涉。比如劝谏一个刚入行的新人说：“别在这个行业打拼了，没什么前途，趁年轻早点转行，免得耽误了前程。”再比如对身边的人一遍又一遍地重复一些有用的废话，张口闭口就是名言金句，诸如什么“做人比做事重要”“人要怀有感恩之心”“别为打翻的牛奶哭泣”“在本该拼命的年龄，把时间花在了谈恋爱和喝咖啡上，将来一定后悔”等等。

也许你在指点别人或教训别人的时候，是出于一番好意，但多数人听了之后都不会买账，还有可能对你分外反感。原因很简单，每个人的人生轨迹都是不同的，每个人对生活都有自己独到的见解，不需要你来指手画脚，你的那些所谓的金玉良言在别人身上并不适用，没有人会把它们当成放之四海而皆准的真理，你若察觉不到这一点，就会自讨没趣，成为人人避之不及的讨厌鬼。

韩旭是公司里有名的大舌头，平时最爱对别人评头论足，十分热衷于纠正别人的缺点，还喜欢帮人出主意，经常向他人兜售自己的人生经验。他觉得同事小李作为一个男人，长年干琐碎的内勤工作，没有什么发展，就鼓励他调岗换岗。

小李摇摇头说："我挺喜欢这份工作的，它很适合我的性格，其他工作我可能胜任不了，即使能胜任，也可能做得不开心。"韩旭一听，立刻板起脸来，用教训的口吻说："亏你还是大学毕业生，对自己一点要求都没有，一点也不求上进，一辈子干内勤能有什么出息。听我一言，趁年轻早点走出这个狭小的世界，多学点有用的东西，选择更有发展前途的职业，免得将来后悔。"小李不以为然地说："我不会后悔的。我知道自己在干什么，也能为自己的人生负责，谢谢你为我操心，但我不会改变我的决定的。"

韩旭觉得小李非常不争气，对他很失望，每次见到他都会唉声叹气，免不了要苦口婆心地教训一番，搞得小李不胜其烦，平时走路都得绕着他走。失去了教育小李的机会，韩旭又把目标转移到了小孙身上。小孙是一个三十出头的女白领，做事雷厉风行，显得非常干练，唯一的毛病就是好吃，每天中午临近12点，都会在单位的群里发送消息，和大家一起研究午饭吃什么。

韩旭非常看不惯，便以老学究的口吻对小孙说：“人都说喝酒会误事，其实好吃也危害不小。比方说商纣把肉片挂在树上，打造酒池肉林，最后亡国了；苏东坡是个标准的吃货，走到哪儿吃到哪儿，仕途非常不顺，一直被贬官。这说明，人不能把太多的精力放在吃吃喝喝上，不能总想着怎么满足自己的口腹之欲，不然工作是干不好的。小孙，你也是个三十好几的人了，也该收收心，现在不努力，以后怎么办呢?”

小孙被说得满脸通红，不服气地争辩道：“袁枚好吃，不是写出《随园食单》了吗?梁实秋好吃，不照样成了有名的作家，还写了不少关于美食的佳作呢！我好吃，也没耽误过什么事啊。我每天花五分钟时间和大家讨论午餐吃什么，没耽误正经工作啊。有件事情你可能不知道，公司最大的一个项目是我谈成的，知道我是凭什么本领拿下那么重要的项目吗?凭借的就是我关于吃的心得。合作方也是一个标准吃货，我们俩很投缘，所以我很容易就把项目谈成了。换了你，张口闭口就爱教训人，怕是什么也谈不成吧。”韩旭被驳斥得一句话也说不出，只好自讨没趣地走开了。

不要想当然地认为你的一句话会改变别人的一生，因为你没有那么大的影响力，而且你的话又未必绝对正确，别人有权力不认可。假如你是一个非常不能冷静的人，改不了对别人指指点点的毛病，喜欢像教育小学生那样教育所有人，并且不明白对方为什么不肯接受自己的好意。那么不妨做一个实验，把平时教训别人的话全部录下来，然后一遍一遍地播放给自己听，体验一下当听众的感觉。

你会发现，第一遍就好像是被人猛灌心灵鸡汤，听到第二遍的时候，觉得微微有点反胃，听到第三遍第四遍，就有一种想吐的冲动。这说明听人高谈阔论地讲大道理非常不舒服。正所谓："己所不欲勿施于人"，你所讲出的大道理自己都不喜欢听，怎么能强迫别人接受呢？

少说以娱乐心态嘲弄他人的话

古代的文人墨客自以为聪明，总有一种炫耀智商的冲动，讲话颇多讥诮，俏皮话说得非常有水乎，损人不带一个脏字，照样能把人骂得狗血喷头。现代人早已没有了古人的雅兴和狡黠，但却把这种冷嘲热讽的风格发扬光大了。面对不如你的人，或是你看不顺眼的人，不知你是否产生过嘲讽对方两句的想法？面对交往过密的熟人，你是否有过卖弄口才的冲动，想要以娱乐的心态嘲弄他人一番，借此调节一下气氛？千万别那么做，因为讥笑和讽刺是很伤人的，它比粗俗的脏话更加令人难以接受，你要是不能冷静，管不住嘴，就会招来不少是非。

不能冷静的人，大都有一点小聪明，总忍不住处处炫耀自己的聪明，连骂人和开玩笑都不忘炫耀一下自己的聪敏和机智。有些话乍听起来似乎很幽默，里面笑料十足，颇有几分嬉笑怒骂的色彩，细细一琢磨，就会觉得非常冰冷刻薄。比如："长得丑不是你的错，出来吓人就是你不对了。""阁下长得可真够勇敢的。""你又不聪明，干嘛学人家绝顶!""你不是丑，你只是美得不明显而已。""你这种人，我们可以称之为'井'，知道这是什么意思吗？就是横竖都二的意思。""今天你流的汗和泪，就是当初你选择专业时脑子进的水。""作为失败的典型，你实在是太成功了!""巴黎圣母院缺个敲钟的，你去干正合适。"等等俏皮话，不是说别人丑得惨不忍睹，就是贬低他人的智商，虽然不带一个脏字，却句句具有炸弹的威力，简直把对方说得一无是处，心胸再宽广的人，听了这样的话，怕是也一样难以承受。

姚洁是一家酒店里的服务员，平时非常喜欢说俏皮话，常把不带脏字的嘲讽当成幽默的表达。一天有位客人在品酒的时候，发现了一根白发，于是便不解地问："这红酒里为什么会漂着一根白头发？"姚洁瞟了一眼酒面上的白发，用半开玩笑的口吻说："这说明您现在享用的是陈年佳酿啊。从发色上看，这根头发的主人年龄约摸在五十岁上下，可见这瓶酒已经封存半个世纪了。"客人听了很是反感："也可能是一个岁数大的人，刚刚掉了头发。""凭借肉眼，您能分辨出这根头发泡了多久吗？您要是有这个本事，干嘛不去学福尔摩斯给人家当侦探啊。"姚洁不屑地说。客人很生气，怒气冲冲地离开了酒店，从此再也没来光顾过。

又有一次，有好几位客人在包厢里吃饭喝酒，其中有位客人微微有了醉意，酒兴正浓，吩咐旁边的服务员多拿几瓶上好的烈性酒来。旁边的朋友急了，悄悄告诉姚洁往酒精里掺水："他这个人胃不好，偏偏又嗜酒如命，再喝下去怕是要出事，你往里面多惨点水，降低一下酒精的含量，钱我照付。"姚洁遵照吩咐把酒端上了桌。那位好酒的客人喝了几口，立刻吐了出来："这酒味不对，你们是不是往里面掺水了？为什么要这么做？"

姚洁慢悠悠地说："只会喝水早晚会变成哑巴，水里的金鱼就是明证；只会喝酒早晚会变成傻瓜，那些喝得东倒西歪的醉汉就是明证。我不想让您变成哑巴，也不想让您变成傻瓜，所以就往酒里加了一点点水。""小姐，你怎么骂人啊？"客人不高兴地说，"我并没有喝得烂醉如泥，只是微微有了一点醉意而已，今天是我生日，我想喝个痛快，不可以吗？至于这么讽刺人吗？你往酒里掺水，已经很不地道了，态度还这么恶劣，真是太不像话了。"

姚洁板起脸来说："是你的朋友让我往里面掺水的，人家说你喝酒不节制，喝多了胃受不了，叫我降低一点酒精浓度。我能不照办吗？"那位朋友赶忙正色道："我是让你往酒里掺水了，但我没让你说难听的话讽刺人啊。今天是他的生日，你干嘛给人家找不自在。""我没说什么呀。"

姚洁不耐烦地咕哝道。

由于多次受到客人投诉，姚洁每个月发工资都会被扣掉近三分之一，同事对她的做法感到难以理解："你为什么不能少说点？干嘛非跟客人过不去，没听说过顾客就是上帝吗？"姚洁不服气地说："他们凭什么当上帝？我为什么要伺候他们？我打心眼里看不上他们，一个个脑满肠肥，除了吃吃喝喝还会干什么？"

请不要把自己想象得太过高贵，也不要把别人想象得太过卑微，你用俏皮话轻蔑地嘲笑别人的时候，讽刺的恰恰是自己。一个静下来的人，一个有修养的人，永远不会以取笑别人和捉弄别人为乐，因为他知道任何人身上都有可笑之处。世间的人和事，正如一首小诗中描述的那样："我们嘲笑笼中的鸟，却没有意识到我们的心又何时飞过世俗的牢笼；我们嘲笑被链子拴住的牲畜，却不知道链子乃栓在我们心上；我们嘲笑井底之蛙，可我们也不曾完整地看过广阔的天空。"每个人的身上都有局限性，谁也没有资格看不起谁，所以在出口伤人之前，请收好你那些供人消遣的俏皮话，不要把任何人当成笑柄，这是对别人的最大尊重，也是对自己的最大尊重。

实话有时比谎言更伤人

动听的谎言和难听的实话之间，你会怎么选择呢？如果你是一个非常耿直的人，必然会毫不犹豫地选择后者，因为谎言再动听毕竟是谎言，实话再不堪入耳，它也毕竟是实话。可是你知道吗？实话有时候比谎言更伤人。在某些特殊的情况下，如果你不能冷静，没有保守住秘密，将实话全部倾吐而出，那么实话很有可能变成伤人的利器。这就是为什么有时候人们会用善意的谎言来代替实话的根本原因。

真话听上去，不像美丽的谎言那么顺耳，有的可能很刺耳，令人难以接受。那么这是否意味着只要说真话，就一定会得罪人呢？其实不是，坚持实话实说不得罪人，关键在于掌握说话的技巧。季羡林曾经说过："要说真话，不讲假话；真话不全说，假话全不说。"意思是尽可能地不要说谎，平时要吐露真言，但真话要有所保留。有人认为求真必须将实话托盘而出，理由是有所保留的实话真实性打了折扣。其实不是这样。我们仔细看一下"真"字的结构，它是由"直"字和下面的两点组成，也就是说直话、实话保留一点两点，亦为"真"。不能冷静，藏不住话，通常与求真无关，只是情商指数不高的表现而已。

白枚是一个有精神洁癖的人，容不得半句谎言，她讨厌别有用心的恭维，对不切实际的赞美也格外反感。长期以来，她一直以坚持说真话为傲，认为在这个虚伪的世界上，遗世独立、敢说真话的人都是值得称道的。她知道真话有时很伤人，但坚持认为，伤人的真话比虚伪的假话要好上一百倍。

由于经常毫无保留地将大实话一股脑道出，白枚无形中伤害了很多人。同事小苗前些日子出了一起车祸，伤愈后额头上留下了一道细长的疤痕，她用厚厚的粉底将疤痕遮盖住了，不仔细看并不明显，可近距离观察，仍然清晰地看到车祸留下来的印记。小苗复工来上班的时候，为了避免被同事议论，主动展示了额头上的那道疤："只是一点小伤，也许过一段时间就能自行消失，现在用粉底遮住了，看起来还算不错吧，并不像想象中那么恐怖。"同事忙说："不仔细看真的看不出来，别担心，过一段时间就愈合了。"

白枚走过去看了看小苗的伤情，面无表情地说："伤到了真皮层，会留疤的。""真的吗?"小苗紧张地问。"你没跟医生谈过吗？医生没有把实情告诉你吗?"白枚反问道。医生叫我别担心，说现在的技术很发达，我的脸能恢复。小苗的声音低了下来。"现在的技术的确很发达，但整容费用很高，不是我们这些工薪阶层能支付得起的，你最好做好充分的心理准备。"白枚说。小苗听了这番话，难过地哭了起来。

第二天，小苗没来上班，大家都为她担心。第三天，小苗还是没有来公司，第四天第五天依旧没有见到小苗的踪影。后来大家才知道，小苗患上了严重的抑郁症，没有办法正常工作了，目前正在家里休养。同事们按捺不住了，有人指责白枚说："你为什么要那么无情，要在她毫无准备的情况下，把残酷的真相说出来。医生都没有明说的事，为什么你非要说?"白枚面不改色地说："她早晚都要知道的，你们不能用假话骗她一辈子。""那也要等到时机合适的时候再说。"同事愤愤地说。"我容不得假话，你们不说，我忍不住要说，小苗有权知道真相。"白枚大声说道。"你还容不得灰尘和细菌呐，干脆离开地球，到外太空生活吧。"同事挖苦道。

两个月后，公司来了一个新人，顶替小苗的工作。小葛对新人小黄说："你想把自己的内心修炼得足够强大吗？那就跟白枚多接触接触吧，你要是能受得了她，以后走到哪里都不怕啦。"小黄不明白是什么意思，不过没过多久她就弄清话里的含义了。小黄最大的爱好就是到处晒自拍，每次更新朋友圈，至少上传九张相片，手机里储满了各种各样的照片。有一天中午，小黄跟同事分享上个星期天刚拍好的照片，同事都赞叹她可爱，白枚看完照片后却说："你真该减减肥了，大象腿、蝴蝶袖、水桶腰、大饼脸一样不少，这些缺点在照片里全都暴露无遗。我真搞不懂你为什么不用修图软件？修图软件可神奇了，能把水桶腰变小蛮腰，大饼脸变瓜子脸，大象腿变成又细又长的美腿，我建议你尝试着用一下。"

"可那就不是真实的我了。"小黄说。"说实在的，真实的你一点也不上相。"白枚说完，扬长而去，小黄愣了一下，随后默默地将手机里照片全都删除了，从此她再也没有理会过白枚。

你可以说实话，但出口之前，最好先考虑一下对方的感受。不要去说打击别人、伤害别人、引人反感的大实话，不要随口给别人做出负面的评价。说实话要有同理心，必须充分照顾到他人的感情和需要，自己都不爱听的话，切勿说出口。

直语要婉转含蓄的表达

有些人认为真诚待人必须直言不讳，委婉含蓄的表达或者任何客套的说辞，都代表着处事圆滑、缺乏诚意。其实并不是这样，心直口快，是不冷静的表现，与真诚与否没有直接关联。有时候唐突的直言会让人感到分外难堪，容易招人反感，而婉转含蓄的表达体现的则是一种文明意识。

生活中，能欣赏直言的人少之又少，因为不加修饰的语言即使没有恶意，让人听起来仍然十分不舒服。比如售票员想给大腹便便的乘客找座，随口就说："请哪位给这位'大肚皮'让个座。"对方听了，必然认为售票员在有意嘲讽自己。再比如看到气色不好的人，你不假思索地直言道："你的脸色怎么那么难看啊？白得像吸血鬼似的。"又如直接对别人的某项技能做出负面的评价："你的球打得烂透了。""你的车技非常差。"这些快言快语，非常直白，没有经过任何软化和柔化的处理，不仅不得体，还是对他人的一种粗鲁的冒犯，容易触发听者的抵触情绪，给自己招来不必要的麻烦。

得体的语言、恰当的表达方式、文明的谈吐，是一个有涵养有风度的人必备的素质。一个人会不会说话不仅关系到人际关系融洽与否，还关系到他日后的命运前程。有些人有才华有能力，身上又有一股韧劲，做事任劳任怨，但却长期不得志，大半生疲于奔命，这是为什么？原因很简单，个性太过耿直，讲话直来直去，专挑别人不爱听的话说，得罪了无数人，故而处处受冷遇，还没等到大展拳脚，就被冷落到一边，丧失了宝贵的机会，从此就像埋藏在地下的美玉那样，难以重见天日。可见直来直去，不会说话，很有可能贻误终生。

薛容是个心直口快的人，讲话向来没有什么忌讳，想说什么就说什么，根本就不在乎对方有什么反应。她经常对别人说："我这个人比较直，不会装假，一向是有什么说什么，假如哪句话说得不好听，你们可千万别往心里去啊。"朋友们知道她本性如此，都不与她计较，但工作上的伙伴就不一样了，出言稍有不慎，就会被人反感，薛容这种个性的人，由于管不住自己的嘴巴，得罪了很多不该得罪的人，在不知不觉中就把自己的前途葬送了。

有一次，经理吩咐薛容带新人，让她手把手地教小齐制作各种复杂的表格，小齐之前没有接触过相关业务，显得有点笨手笨脚。薛蓉不耐烦地说："你这个人看起来挺聪明的，怎么这么笨，脑子是不是进水了？"小齐生气地说："你说话怎么那么难听，讲话能不能含蓄点？""你本来就很笨，不说笨，说什么，难道说蠢，笨和蠢都太直白了，含蓄点说，应该是资质愚驽钝、反应缓慢，抱歉，我实在想不起其他的词了，你自己翻词典查查吧。"薛蓉越说越起劲，小齐被当场气哭了，转头就向经理告状了。

同事都认为薛蓉闯祸了，好言奉劝道："小齐可是经理的亲侄女，你不该对她说那样的话。得罪了小齐，以后你在公司里可没好果子吃。趁事情还没闹大，赶紧向小齐道歉。”“道什么歉？难道我说错了吗？一张表格，我教了她三遍，她都没学会，这种资质，难道还要我夸她聪明不成?”

经理并没有马上找薛蓉的麻烦，甚至没有开口提起过这件事，但此后再也没有把重要的任务分配给薛蓉，基本上断了提拔她的念想。薛蓉的工作能力是大家公认的，平时也比较敬业，如果能得到好的发展平台，可以独当一面，可惜由于经理不看好她，她无论多努力，都升不了职。同事都劝她跟经理开诚布公地谈谈，主动低头认个错。薛蓉不肯，她说：“我这个人向来直来直去的，永远都不会委曲求全。我不可能收回我说过的话。有什么了不起的，大不了我不在这儿干了，此处不留人，自有留人处。”

离开公司以后，薛蓉很快找到了新工作，但在新公司里，她仍然不受待见，由于过于心直口快，讲话太过难听，无论是上级还是同事都不喜欢她，她成了孤家寡人，总是独来独往，平日里形同虚设，没有人愿意主动搭讪她，分红利的时候，上层领导也想不起她，人们似乎并不在乎她能为公司贡献什么，也不在乎她的工作能力如何，她这才意识到心直口快的害处，可惜败局已经无法挽回了。年底，薛蓉又辞职了，又要为找工作奔忙了，她这才痛彻心扉，决定以后说话会留神一些，免得祸从口出。

言语可以是蜜糖，让人听了心里甜滋滋的，也可以是利刃，直刺人内心的最柔软处，给人带来难以言喻的痛苦感受。说话太直接，就有可能把言语变成一把伤人于无形的刀，继而引来仇视和报复，自己也会变成受害者。出于一种善意也好，出于自我保护的目的也罢，说话最好含蓄些、委婉些，用温和的言辞表达意图，切不可为了贪图直抒胸臆的痛快而信口开河。即使是闲聊，也不要轻易触碰别人的软肋，言谈不可太直白，要多多使用委婉的措辞，让人既能领悟其中的深意，又不至于失了颜面。

不要给热忱的心泼冷水

每个人都喜欢听鼓励赞美的话，希望在交谈中找到那种志同道合、心有灵犀的感觉，故肯定的话语总是具有鼓舞人心、暖人肺腑的力量。这是一个颠扑不破的真理。世上最让人厌烦的莫过于不但不会说暖心话，还总是给别人泼冷水，以打击别人的信心为乐事，不把对方的热情火焰彻底扑灭，绝不善罢甘休。和这样的人交谈，除了扫兴之外，不会再有其他的感觉。

为什么有人专门喜欢给别人泼冷水呢？原因无非有两种：一种原因是太过悲观和理性，看到别人盲目乐观就无法忍受，总想用冷水把对方泼醒。另外一种原因是改不了毒舌的本性，自己过得不如意，容不得别人过得更好，性情冰冷刻薄，把打击别人当成了一种习惯。无论是出于哪种原因，在别人说到兴起处泼冷水，本身就是一种不能冷静的行为。若是真心为别人好，应该先静下来，把语言重新组织一下，将毫无温度的生冷之辞变成温度适宜、富有人情味的言论，用合适的方式缓缓道出。

邱萍平时言语不多，但每次开口都能带来阵阵寒意，她只要看到有人兴高采烈宣布什么大计划，就会猛泼冷水，不把对方的热情打击下去，决不罢休。单位里的小卢有一天向大家宣告要节食减肥，话刚说到一半就被邱萍打断了：“减肥有句箴言：‘管住嘴，迈开腿’，两件事你哪件能做到，平时又懒又馋，身上的脂肪只会越积越多。”小卢看了看自己身上的赘肉，把手里的零食放下了，半晌才说：“别那么打击人好不好，我还没开始执行计划，就被你泼了一头冷水，要是真减不下来，这账可要算在你头上。”邱萍说：“这只能怪你自己，内心太脆弱了，几句话就把你打击成这样子了，一点承受能力都没有，以后干什么事能干成啊。”

单位里的小贾为了评职称，想要参加成人考试，大家都觉得这个年轻人挺上进的，纷纷献上了祝福和鼓励的话语，只有邱萍在说风凉话：“成人考试并不像你想象中的那么容易，你都参加工作这么多年了，思维方式早就跟学校里的学生不一样了，我劝你还是省省吧，万一考不上就丢大人了。”

小贾没理她，默默地为考试备战，将所有的业余时间都用在了学习上，临近考试的时候几乎每天都要熬到半夜十二点。可能是因为太过紧张，也可能是因为临场发挥失常，第一次考试，小贾没有通过。同事们怕他灰心，纷纷出言安慰。邱萍又忍不住来泼冷水了：“我早就告诉过你，别瞎折腾，考试没通过吧，被我言中了吧？”小贾懒得理她，又陆续报考了几次，最后终于考过了，经过阶段性的学习，终于拿到了文凭。同事们都由衷地为他感到高兴，说了很多祝贺的话。

邱萍依旧不改本色，又开始说打击人的风凉话了：“成人自考的学历证书，是不被社会承认的，你就算有了证书又能怎样？跟从正规高等学府里毕业的大学生能平起平坐吗？我看你纯粹是瞎忙，有那么多闲空还不如干点别的。”“你先别那么早下结论，咱们等着瞧。”小贾愤愤地说。后来小贾评上了职称，总算堵住了邱萍的乌鸦嘴。

打击不了小贾，邱萍又把攻击的目标转移到了小莫身上。小莫喜欢上了一个漂亮的上海女孩，正在犹豫要不要向对方表露心迹，同事都劝他要大胆追求真爱，邱萍却说：“上海人普遍比较排外，就算你喜欢的女孩答应跟你交往，你们俩仍旧没戏，因为她的父母肯定不同意。何况你爱上的不是什么小家碧玉，而是一位千金小姐，就你那点工资，能养得起她吗？”小贾说：“我会想办法让她父母接纳我的，只要我们俩相爱就行。至于钱的问题，可以慢慢解决，我现在正在尝试写网络小说，假如哪天写好了也能小赚一笔。”

邱萍听后，撇撇嘴说：“网络是一个僧多肉少的平台，主页早就被大神们霸占了，你写的东西根本就没人关注。我劝你还是尽早放弃吧，想要靠写网络小说出名赚钱无异于做白日梦。”

由于经常给人泼冷水，邱萍成了公司里最不受欢迎的人，大家闲聊的时候尽可能避开她，工作期间也有意避免跟她接触，实在躲不开，就生硬地交流一下各环节的衔接细节，除此之外，多一个字都不愿说。

逆耳的忠言、令人冷彻心扉的风凉话，不仅败兴，还会给人带来非常糟糕的心理感受。谁都不喜欢到处传播负能量的朋友，人心不是钢铁，禁不起一次又一次冷水的浇淬，所以不要信口否定别人，不要以任何名义干涉别人的自由。每个人都有自己的选择，自己能权衡利弊，根本用不着你去指手画脚。没有建设性的话能不说就不说，让人听了伤心恼怒的丧气话最好烂在心里，无论你是否赞同对方的想法，都不要在对方热情高涨的时候泼冷水，这是最基本的处事之道。

不要轻易驳斥别人

怎么说话才能凸显自己的真知灼见呢？方法有很多种，其中一种就是有力地反驳别人的观点，把对方驳斥得体无完肤，让他认识到他是错的，你是对的。这个办法的效果如何呢？坦白地说，非常糟糕，对方不但不会认同的你的观点，还会认为你是为了反驳而反驳，说话行事像只斗鸡，毫无风度可言。的确，如果你不能冷静，听到不赞同的话，就如同条件反射一样，非要驳斥一番，给人的印象大抵如此。

你也许容忍不了未经大脑思考就脱口而出的废话，或者带有强烈情绪色彩的蠢话，抑或是浅薄无趣的傻话，听到之后，第一反应就是反驳别人，让对方意识到自己有多么无知和愚蠢。这种行为的背后潜藏着深深的恶意，这么做并不能显示出你有多高明多睿智，反而能反映出你的刻薄和无情。心理学家研究发现，人说的废话越多，往往越快乐，废话占到百分之九十以上的人，大多很快乐，废话不到百分之五十的人，通常体验不到快乐的感觉。人一生所说的话，大多都是废话、蠢话和傻话，我们不是智者，也不是圣人，不可能出口成章，天天说格言，张口闭口倾吐名言警句。所以做人要宽容一些，厚道一些，当听众的时候要尽可能静下来，不要轻易驳斥别人，免得伤了别人的自尊。

唐哲自认为智商很高，不屑于与蠢人在一起，尤其忍受不了别人的蠢话，一旦听到有人说了冒傻气的蠢话，就忍不住要驳斥和嘲笑一番。

由于供职于小型私企，公司业务很少，没事的时候，大家经常聚在一起闲聊，在交谈过程中，几乎每个人都暴露了自己认知上的局限。唐哲因此感到难以忍受，他真受不了这群没见识的庸俗之辈。

有一天，公司来了一位新职员，是一名高大帅气的小伙子。小于忍不住惊叹道："他颜值好高噢，长得好帅噢。"唐哲看不惯她犯花痴的模样，更受不了她那浅薄轻佻的样子，于是毫不客气地挖苦道："帅有什么用？买东西能用脸刷卡吗？""脸是用来欣赏的好不好，谁会用脸刷卡啊？"小于反驳道。"我这是在打比方，这你都听不懂。算了，我不想跟你说话了，我们俩的智商不在一个水平线上。"唐哲不耐烦地说。"你的智商和爱因斯坦一个水平，属于天才级别，我的智商跟阿甘一个水平，只有75，属于智障水平。你想说的是这个意思吧？"小于说。唐哲并没有否认："你自己知道就好。""我见过自恋的，可没见过比你更自恋的。"小于非常生气，以后很少再跟唐哲说话了。

有一次同事小高到外地出差，由于人生地不熟，感觉分外孤苦寂寞，于是抽空给唐哲打了一个电话，两人聊起了天气情况。小高问："我这里进入了梅雨时节，几乎天天下雨，平时连阳光都见不到，你那边今天下雨了吗？"是的。"唐哲简洁地回答道。"那雨下得怎么样？"小高显然是在没话找话说。唐哲觉得这个问题问得很可笑，于是就用戏谑的语气回答道："我觉得下得挺好的，要不夸夸老天爷？"

"你可真幽默啊。"小高没听出其中的讽刺意味，继续有一搭没一搭地聊着，在挂电话之前又说了句废话："你知道雨什么时候会停吗？"唐哲又听到了一句傻话，继续用揶揄的语气回答说："不知道，我不在气象局工作。""你昨天没看天气预报吗？天气预报没说天气会转晴吗？"小高又问。唐哲没有耐心回答了："关于天气的话题，咱们改天再聊吧，咱俩都不是英国人，又没出生在伦敦，没有必要死抱着天气的话题不放。"

小高的声音低了下去："好吧，那我不打扰你了，你忙吧。"说完，便挂了电话，此后，小高再也没有给唐哲打过电话。

后来，唐哲的爸爸生病住院了，同事们不计前嫌，纷纷买了水果前去探望，平时拙嘴笨舌的小蔡说了句傻话，他问唐哲："我不知道该怎么称呼你爸，你爸贵姓啊？"唐哲长长地叹了口气："你真是朽木不可雕，尽说些智商令人着急的话。我爸当然跟我一个姓啦，姓唐，记住了吗？"

小蔡脸红了，着急地辩解道："我不是那个意思。我是想问该管你爸叫唐叔叔还是叫唐伯伯，刚才没表达清楚。"唐哲还想开口说话，被躺在床上的爸爸打住了："你怎么跟同事说话呢？一点礼貌都没有。人家好心来看我，也不知道感谢人家。"随后他又向小蔡道歉说："小伙子，你别介意。他这个人就这样，嘴不好，别跟他一般见识。"事后，大家聚在一起议论："唐伯伯这个人这么平易近人，真不知道为什么会有唐哲这样的儿子。"

还有一次唐哲到商场购物，恰好碰到了部门经理，由于唐哲平时说话不中听，公司里大多数人都不知道该怎么跟他交流，部门经理也不例外，打招呼的时候也说了一句傻话："你也来商场买东西啊？"唐哲觉得对方多此一问，分明是在说废话，于是他一字一句地说："对，我现在确实是在商场里，也确实是在买东西。"

两年之后，公司规模扩大了，陆陆续续招了很多新人，唐哲被调到了一个较小的分部，接触的人更少了，工作量却比以前增加了好几倍，他气冲冲地质问人事部门为什么跟自己过不去，人事部门的理由很简单，说他不擅长跟人打交道，最好到人少清净的地方工作。

靠反驳别人来彰显自己的学识，显示自己的与众不同是愚蠢的。你赢了辩驳的游戏，却输掉了人心，日后必然会因为不留口德而付出高昂的代价。人不能太过自恋，把自己当成唯一的聪明人，把其他人统统当成蠢材和傻瓜。要知道你看不惯看不起的人，平时会说不少废话傻话，并非是因为智商不高，而是因为言谈比较放松随意，他们的智商不输于你，情商却比你高很多。其实废话和傻瓜往往裹满人情味，要比正襟危坐时宣讲的陈词滥调有趣得多，所以在开口之前，一定要静下来，千万别轻易反驳别人，要耐心地听对方把话说完，学会用欣赏的眼光看待别人。

第七章

静下来，知进退：既不伤害别人又能保全自身

人们往往做事是很容易过火，有的人不能冷静，只知进不知退，受不得一点委屈，在处世哲学中，进退之道最难把握。强势的人只知道进不知道退，永远不愿做出妥协和让步，懦弱的人则截然相反，只知道退不知道进，任由别人得寸进尺，一步步蚕食自己的领地。这都属于不能冷静的表现。静下来的人，不但能够进退自如，还能运用“以退为进”的策略，巧妙地化解矛盾，既不伤害别人，又能保全自身。

不要抬高自己贬损他人

我们常听人说做人要谦卑。那么什么是谦卑呢？压抑自己的正常个性，处处受礼法的制约，表现得温良恭俭让，是谦卑吗？在错综复杂的局势面前，披上一层保护色，总是深藏不露，永远不出头，是谦卑吗？在人前低眉顺眼、小心翼翼，背后咬牙切齿，是谦卑吗？

当然不是，谦卑不等于卑下、虚伪，谦卑的人尊重每一个人的人格尊严，包括自己在内，从不觉得任何生命卑微，既不趾高气扬，也不妄自菲薄，有了成就不膨胀，对待不同身份的人能一视同仁。谦卑的人不卑微，但能静下来，无论有多大的本事，都不会骄傲自满，无论条件有多么优越，都不会瞧不起别人，更不会抬高自己贬损他人。

谦卑的人，大多静下来，不会因为地位的改变而改变。生活中很多人误把卑下当成谦卑，认为只有把自己看得无比卑微，才能达到谦卑的境界。这是非常极端的。卑下的人并不谦卑，他们只是伪装得谦卑而已，一旦爬上高枝，露出真面目，可能比任何人都狂妄自大、不可一世。狄更斯笔下的尤利亚便是这样一个角色。尤利亚出身寒微，是律师威克菲尔的书记，平时在人前低三下四，天天说自己卑贱，后来通过欺诈手段吞掉了威克菲尔的事务所，还想霸占威克菲尔的财产和女儿，卑鄙到了极点。在现实生活中，不乏像尤利亚这样的人，他们表面谦恭，实则野心勃勃，人前人后判若两人。这样的人往往不能冷静，他们一旦得势，就会露出狰狞的面目。

王瀚和王启是一对兄弟，他们出身于普通工人家庭，自幼家庭贫寒，凭借着自身的努力，纷纷考上了重点大学，毕业后都找到了不错的工作。虽然脱离了贫困的处境，王瀚骨子里仍旧是自卑的，他觉得自己卑微、土气，无法跟那些西装革履、精明干练的商务人士相提并论，在别人面前，他总是低眉顺目的样子，讲话战战兢兢的，生怕说错一个字。回到家里，卸下人格面具，他又变成了另一副样子，背地里指着所有的假想敌叫骂。他暗暗发誓，将来一定要爬到所有人头上，让那些曾经看轻他的人好看。他默默地积蓄着力量，默默地等待着，诅咒所有人倒霉。

王启的个性与哥哥王瀚全然不同。他是一个很谦和的人，平时不卑不亢，没有因为自己的出身而萌生屈辱感，他从未看不起自己，也从未看不起别人。对待所有人，他都一视同仁，以礼相待。转眼五年过去了，这对兄弟皆在各自擅长的领域取得了一定的成就，弟弟王启还是像原来那么随和，大体没有什么改变，哥哥王瀚则像变了一个人似的，对待下属颐指气使，对待平级的同事也不大尊重，只有在老板面前的时候，他才不敢造次。表面上他假意顺从老板，心里早已把对方骂了千百遍，心想总有一天两人的位置会互换，到时他一定要狞笑着看老板痛哭。

后来王瀚终于等到了机会，公司由于受到竞争对手的打压，越来越不景气了，老板支撑不住了，打算将企业卖掉。谁也没想到，王瀚会成为买家。为了达成个人目的，他欺骗弟弟王启说自己想要创业，需要募集一笔资金。弟弟二话不说就把自己多年的积蓄拿出来了。紧接着他又从朋友那里筹集了一大笔款项，迅速成立了一家公司，然后以迅雷不及掩耳之势收购了原来供职的企业，在谈判过程中，狠狠地羞辱了老板一把。看到老板在自己面前低头顺目的一刹那，王瀚觉得心里痛快极了，他终于了却了多年的夙愿。可是对于接手这家公司，他并没有做好万全的准备，他没有经商经验，又比较刚愎自用，谁都瞧不起，谁的话也不听，不到半年，就把公司搞破产了。

人生进入低谷以后，王瀚终日买醉，有一天他终于对弟弟酒后吐真言了，弟弟王启这才明白为何哥哥会活得那么纠结，表现得那么反复无常。他真心为哥哥感到难过，但却无法改变什么。哥哥陷入自己一手制造的泥沼里无法自拔，假如他不肯自救，别人也无能为力。事后，王瀚终于意识到虚假的谦卑有多么害人，它会让人抬不起头来，心灵逐渐扭曲，慢慢变成阳奉阴违的小人。认清这一点后，他不再刻意装谦卑了，开始诚心诚意地向弟弟学习，终于解开了多年的心结，获得了内心的宁静和平和。

谦卑与虚伪无关，与世俗的约束无关，与社会地位无关，与城府无关，谦卑者之所以谦卑，是因为他们对自然、宇宙、世界怀有敬畏之心，知道作为一个个体，自己有多么渺小，知晓自身能力的局限，任何时候，对自己都有一个清醒的认识。谦卑既是一种对内的态度，也是一种对外的态度。谦卑的人，没有卑下之心，他们虚己、平和、善良，令人钦佩敬服，从不自我夸耀，却能收获更多掌声，从不跋扈，却更有威仪，从不高高在上，却能被人高举，这就是人格魅力之所在。

用冷静的理性温暖人心

有些人认为要想静下来，必须磨光棱角，泯灭真性情，变得现实而世故，冷酷而麻木，无知无觉。其实，不是这样。尼采说过："许多人所谓的成熟，不过是被世俗磨去了棱角，变得世故而实际了。那不是成熟，而是精神的早衰和个性的夭亡。真正的成熟，应当是独特个性的形成，真实自我的发现，精神上的结果和丰收。"成长并不意味着精神衰老，也不意味着失去所有的棱角，它指的是拥有了健全的人格和健康的个性，发现了真我，升华了精神，洞悉了生命中的真谛。

静下来的人都很理性，理性与世故冷酷无关，它是超越感性认识之后到达的境界。一个人由冲动变得沉稳，由任性变得理性，不是因为接受了世俗的法则，泯灭了个性，而是因为心智成熟了，懂得怎样用冷静的理性温暖人间，对全世界都温柔起来。不要以为像冰一样冷酷，像岩石一样刚硬，完全不被感情所左右，就是真正的静下来，那不是静下来，那是精神的早衰和个性的夭亡，任何一个鲜活的生命都不应该达到那样的境界。作为一个有血有肉、有思想有情感的人，我们应该呵护好自己的感性世界，保持住自己的本色，同时懂得用理智和智慧驾驭自己的情感。

静下来的人，不是看不到社会和人性的阴暗面，他们既能看到阴暗面，又能看到人性光辉美好的一面，深谙世界的残酷和黑暗，依旧能满怀热血地积极生活。深知人性的复杂和世界的复杂，依然不失赤子之心，被欺骗过被伤害过，依然愿意真诚待人。对人外热内冷，与理性无关，人只有在对人类自身和外界环境完全丧失了信心才会那么做，一个真诚的人，一个既能理性思考又有感性思维，人格健全，温存善良的人，外表可冷峻可热情，内心一定是火热的。

康辰曾经是一个文艺青年，骨子里浪漫多情，非常细腻感性，看到繁华都市里宏伟的工程就热血沸腾，忍不住赞叹农民工的淳朴勤劳，看到街头的流浪汉就黯然神伤，常会在路边买些早点送给他们。在社会上摸爬滚打数年以后，他发现这个世界跟他想象得完全不一样，原来工人也会故意磨洋工，乞丐也会拿着别人施舍的钱到高档场所消费，形形色色的人都在为自己的利益奔忙，没有人在乎别人的疾苦和眼泪。

康辰迷失了，信仰崩塌了，从此他什么都不信，不想再被情感所左右，变得冷酷和世俗，除了个人利益以外，他别无他求。他羡慕那些工作几年便身价上亿的CEO，默默地朝着这个方向努力着。为了尽快实现目标，他开始有意识地巴结讨好大客户，在签订订单之前，对大客户极其热情，交易完成之后，态度马上冷淡下来。由于很多大客户不会再签第二单，他认为对方不再具有利用价值，因此迅速与其划清了界限，大部分老死不相往来。有一位客户，他跟单跟了半年，才把生意谈妥，在这半年的时间里，两人往来密切，几乎成了朋友。交易结束后，那位曾经给他带来滚滚财源的大客户有事求他帮忙，他理都不理，还故意摆出高姿态赶人："我的时间是很宝贵的，不能浪费在没有价值的人身上。"客户万般没有想到他会翻脸不认人，不禁感叹知人知面不知心。听到这句评语，康辰不由得一愣，曾几何时，他也这样感慨过，也曾一度认为自己被假象蒙蔽了，觉得人与人之间，除了利益，没有什么是真的。

客户离去后，康辰久久不能平静，他那颗冷酷的心似乎微微活动了一点，有那么一瞬间，他很渴望回到过去，单纯地傻傻生活，怀着巨大的热情去拥抱每一天，相信一切美好的东西。可惜这种想法转瞬即逝，他眼里的光芒瞬间熄灭了，他不相信人世间还有真情，坚定地认为人与人之间只有永恒的利益，没有长久的友谊。那一夜，他辗转反侧难以成眠，想了很多很多，第二天早上又恢复了原来的表情，就仿佛什么也没发生过一样。若干年后，康辰的月薪突破了六位数，他成功为自己谋求到了最大的利益，可是不知为什么，他生活的并不快乐，总觉得生命里好像少了点什么。

现实世界往往会让人很受伤，因为里面有虚假、有阴冷、有狡诈，存在许多不堪入目的东西，你若太过天真或感性，就难免会遍体鳞伤。你若彻底向现实妥协，不再坚守自我，甘于与世俗的一切同流合污，就会变得麻木不仁，失去人情味。如果世界寒了你的心，那就用冷静的理性和美好的感性将它捂暖，不要任由自己冰封或沉沦。当你的内心有了暖意，你就会把这份温暖传递给更多的人，撒播更多的正能量。

别将“耍贫嘴”当成幽默

有时候，开一些无伤大雅的玩笑，在谈资中增添一些幽默元素，确实能使谈话变得新鲜有趣，能博得众人会心一笑。人人都喜欢幽默的人，因为他们能制造欢乐、传播快乐，让人心情舒畅。幽默是一种谈吐，一种情调，而不是语言游戏，有些人不知道什么是幽默，误把庸俗和低俗当成了幽默。

很多时候，为了吸引听众或出于哗众取宠的目的，有些人会不能冷静，随意地往段子里增添低级趣味的猛料，引得众人面面相觑，误以为达到了震惊四座的效果，殊不知别人是在替他害臊，只是不方便直接表态而已。诙谐机智，方为幽默，它和贫嘴不同，调侃要收放自如，雅俗相宜，太雅，就会变成曲高和寡的阳春白雪，太俗，不但无聊透顶、俗不可耐，还会令人生厌。

小楚供职的公司里有一个叫小纪的男同事，经常说些低俗的笑话，一张口就开始贫嘴，惹怒了别人不但浑然不觉，还自鸣得意，要多讨厌有多讨厌。有一天，小楚说：“我最近抵抗力好差，感冒了半个月，到现在还没好。”小纪听罢，立刻抢过话茬说：“你的抵抗力已经很强了，简直可以和小强一拼了，都被感冒病毒祸害了半个月了，现在依然还健在。”小楚觉得他这是在诅咒自己，心里十分不悦。

到了下午，公司组织全体员工聚餐，小楚头痛，还微微有点发烧，便向经理请了假，打算不去了。小纪见状，居然阴阳怪气地说：“呦，这楚楚可怜、弱不禁风的，简直就像林妹妹一样娇贵，身子骨不知道是被哪位宝哥哥搞坏了，以后可得悠着点。”“你!”小楚气不打一处来，差点和他争吵起来。

小纪得罪小楚，并没引来什么恶果，毕竟小楚只是一名小职员，不能把他怎么样。他肆无忌惮地跟小职员开玩笑，既为博别人一笑，又能体现出自己的诙谐狡黠，他觉得这样做十分快意，从来没有顾忌过别人的心理感受。因为养成了贫嘴的习惯，他把低级玩笑开到了老板头上，最终引火烧身，造成了严重的后果。

有一次公司组织全体员工到郊外旅游，老板和职员一起在江上泛舟。小纪和老板坐了同一条船。他发现老板上船后，船明显有点吃重，便眨巴着眼睛说道:”老板，您可真是个重量级人物啊。”老板没听懂他的意思，要求他做出解释。小纪解释说：“您没发现，自从您上船之后，整条船都下沉了一点?”老板听明白了，对方是在明摆着调侃自己的体重。听了这番言论，他本来已经很不高兴了，小纪却依旧不肯住嘴，又讲起了曹冲称象的典故，接着拿笔在船舷齐水面的位置做了一个简单的标记，说等大家下船后，往船上装石头，等到船身沉到标记的位置，就停止装石头。将船上的石头一块块称一下，累计加起来，就是全体人员的体重，把员工的体重一一减去，最后就能算出老板的重量了。

说完，小纪哈哈大笑。老板阴沉着脸，在场的人全都默不作声，没有人敢笑。小纪扑哧一声乐了：“我只是想逗大家开心而已，你们觉得我讲的笑话不好笑吗?”老板生气地说：“早就听说你喜欢搞恶作剧，经常在办公室里讲些庸俗的段子，搞得大家不胜其烦，现在居然把玩笑开在我头上来了，你是不是不想在公司里干了?”小纪这才认识到事情的严重性，赶忙赔不是道：“对不起，老板，我不该在太岁头上动土，您就原谅我一次，我以后不会再这么不知深浅了。”

老板虽没有开除他，但再也不想看见他了，最后把他调到了储藏室，专门负责管理杂物。收拾东西的时候，他还吐着舌头对小楚说：“我被打入冷宫了。”小楚笑笑说：“你完全是咎由自取，这下大家的耳边可就清净了。”小纪发现同事的脸上全都一脸喜气，这才知道自己在公司里有多么不受欢迎。他前脚刚走出门，就听到同事说他是奇葩、脑残，七嘴八舌地议论开了，他实在听不下去了，赶忙灰溜溜地逃离了现场。

当你想要贫嘴的时候，要静下来，事先想一想，你想要表达的内容，究竟是属于幽默的还是低俗的。有时候你也许搞不清贫嘴和幽默的界限，把握不好雅和俗的尺度，一不留神就说出了让人尴尬的语句，遇到这种情况开口之前更要三思，千万不要把令人不齿的笑话当成幽默的表达。你可以不幽默，但不能太贫嘴，不能太庸俗，不懂幽默之道，无须假装幽默，以免弄巧成拙。

别拿幼稚当可爱

小时候，被人赞可爱，你会觉得这是一种褒奖，长大之后，还被夸可爱，你可能会感到困惑，觉得对方是在间接地讽刺自己幼稚。那么可爱和幼稚到底有什么区别呢？心地单纯的人是可爱的，因为他（她）像白纸一样干净，没有心机、没有城府，与之相处格外轻松愉快。幼稚则不同，它指的是缺乏历练，什么事情都不懂，待人接物不合时宜，思想和行为低龄化，就像不懂事的小朋友。

成年人的幼稚病多半和不能冷静有关。有的人心态非常拧巴，遇事不能冷静，不知怎样跟别人相处，渴望融入集体但又不想主动向人示好，与人若即若离，跟别人过不去，跟自己也过不去，活得非常纠结，为了让自己心安，索性拒人于千里之外。这就好比一个抱着玩具的小孩子找不到合适的玩伴，便选择自得其乐，完全不理会周围的小伙伴，一味沉浸在自己的世界里。

有的人做出一点小小的成就，就期望得到重视和表扬，得不到表扬，便会感到非常失落和难过，就仿佛小朋友背诵完几首唐诗，得不到夸奖，便忍不住要耍脾气一样。对于小孩子，人们永远不会吝惜溢美之词，对成年人则不然，你不能期待有了一点微小的进步，就能得到奖励和鼓舞。赞美犹如糖果，人们可以免费发放给小孩子，却不会随便给予成年人。这是人之常情。

有的人习惯了我行我素，无视任何规则，想做什么就做什么，想说什么就说什么，完全不考虑后果。这些表现是非常惹人反感的。小孩子想哭就哭，想闹就闹，可以不守规矩，为所欲为，成年人则不一样，这个世界不会像包容小孩子一样包容成年人，成年人说话办事不知轻重，一定会受到责难。

小谭是一个刚从学校毕业的大学生，长着一张稚气未脱的娃娃脸，相貌甜美可爱，嗓音也很甜，让人一见就喜欢。小谭不仅长得稚嫩，行事风格也有点孩子气，个性非常幼稚，有时让人哭笑不得，有时令人非常头痛。

在开会讨论的时候，她总是东张西望，显得很没规矩，领导发言时随意插话，被批评之后还不服气，振振有词地说：“伏尔泰不是说‘我可以不同意你的观点，但我誓死捍卫你说话的权利吗?’我是有言论自由的，无论我说得对还是不对，你们不能剥夺我发表意见的权力。”经理说：“难道老师没有教过你，随便插话是一种不礼貌的行为吗?”小谭说：“老师的话不能全信。”经理真拿她没办法，只好说：“随便打断别人说话不礼貌，关于这一点，没有异议吧。”小谭吐了吐舌头说：“我知道错了，我向你道歉，I am sorry。”

以后，小谭虽然不在会议上乱插话了，但在讨论环节常常说出惊人之语。有一次经理向员工宣布公司福利政策的调整方案时。小谭抱怨道：“别的公司夏天发降温钱，冬天发烤火费，咱们公司什么都没有，确实是独具特色呀。我想公司内部应该是四季如春吧，所以根本就用不着消暑防寒了。”经理刚想开口说话，小谭又随口胡诌了几句俏皮鲜活的打油诗，惹得大家哈哈大笑。经理挖苦地说：“没想到你还挺有才的，可惜聪明用不到正地方。”小谭无视话里的褒贬，她居然欣然回应道：“过奖过奖。”大伙听了，又是一阵哄笑。

转眼半年过去了，小谭的业务能力已经有了明显的进步，但很少受到经理夸奖，小谭为此很不高兴，居然直通通地质问经理：“我这么用心工作，你为什么看不到我的努力，我一直都在进步，你为什么连半句鼓励的话都不肯给我，是因为对我存有偏见吗?”经理说：“你心智不成熟，经常夸你，你会飘飘然。因为你不能像成年人那样思考，我需要对你区别对待。你的业务能力虽然提升了，但为人处世的方式存在严重问题，我希望你快点成长起来，这里不是幼儿园，不要考验我的耐性。”

小谭受到了沉重的打击，从此精神萎靡不振，时常安静地发呆，有时会一个人躲在角落里抹眼泪。同事问她怎么了，她委屈地哭诉道：“你们全把我看成二货，经理也瞧不起我，我真的很难过。以后谁也不想理会了。从此你们走你们的阳关道，我过我的独木桥，我只要安安静静做事就好了，把你们全都当空气。”听了这番颇具孩子气的赌气话，大家全都不知如何是好，真不明白人事部为什么会招来这么幼稚的员工。

作为一个成年人，千万别拿幼稚当可爱，少不更事时，你可以天真烂漫、无所顾忌，步入成人社会，就必须考虑改变自己的做事风格，一言一行要尽可能地符合社会规范，凡事要顾忌到别人的看法和心情，做事要把握分寸、恰到好处，不能由着自己的性子胡来，如此才能少走弯路、少碰壁。

“以退为进”是一种策略

在处世哲学中，进退之道最难把握。强势的人只知道进不知道退，永远不愿做出妥协和让步，懦弱的人则截然相反，只知道退不知道进，任由别人得寸进尺，一步步蚕食自己的领地。这都属于不能冷静的表现。静下来的人，不但能够进退自如，还能运用“以退为进”的策略，巧妙地化解矛盾，既不伤害别人又能保全自身。

狭路相逢时，如果双方都选择前进，始终保持寸土必争的态度，最终只能两败俱伤；双方各退一步，就能成就一段佳话，可惜佳话自古以来就比较稀少；希望别人先退一步，你的期待往往会落空，自己先退又不甘心，既怕丢了面子，又怕吃了亏。最高明的做法莫过于采取以退为进的策略。列宁说过：“退一步，是为了进两步。”后退的目的是更好地前进，而不仅仅是为了礼让。有时候，后退一步，留下了更大的回旋余地，往往对自己更加有利。进与退是一种互动的游戏，谁先不能冷静，先进了一步，往往会提前出局，在掌握对方心理状态的情况下，适时地退一步，就好比采用柔术令对方折服，这样就能使对方之后的行动符合自己的期望，顺利达到“以退为进”的目的。需要注意的是，你主动后退，需要别人买账，别人不买账，退的行动就没有价值了，更不要说收到“以退为进”的效果了。

周瑗刚升职为主管的时候，感到分外头痛，手下有一个叫孟莹莹的助理，个性非常执拗，听不进批评，工作上出现了疏漏，既不认错，也不修改，着实讨厌得很。换作别的主管，早就跟她翻脸了。周媛并没有那样做，因为孟莹莹虽然身上有不少小毛病，但大体看来还算得上是一个得力助手。同样的工作，换一个人来做，可能还赶不上她呢。

前任主管屡次和孟莹莹发生冲突，经常在员工大会上猛批孟莹莹，每次孟莹莹都反唇相讥，搞得主管下不来台，主管强烈要求将其辞退，老板却说："咱们公司和别的公司不一样。在咱们公司，主管和助理的关系，就好比古代官和吏的关系，前者主持大局，具体的事务要靠后者完成，没有了吏，官的本事再大，很多事照样办不成。同样的道理，没有了孟莹莹的辅佐，主管的工作也干不好。她是公司资格最老的员工，公司事务她最了解，所以……。"主管生气地说："所以我就该忍她对不对？哪有让主管忍助理的道理，这真是滑天下之大稽，简直是岂有此理，她不走我走还不成吗？"说完，她就气冲冲地辞职了。

通过观察，周媛发现孟莹莹是个自尊心非常强的女孩子，认为她之所以表现得不通情达理，多次与主管对抗，主要原因在于，主管总是采用教训的口吻批评她，她为了维护自尊，只能针锋相对，两人各不相让，渐渐发展到了势同水火的地步。在以后的沟通中，周媛充分吸取了前任主管的教训，开始尝试"以退为进"的策略。每当她发现孟莹莹拟写的工作方案有漏洞时，从不直说，也不批评，而是先压住火气，把她表扬了一番："你的想法很有创意，给我带来了很多启发。这个方案写得很到位很周详，只是细节上略有些瑕疵，如果稍加修改，效果会更好。"接着就提出自己的修改意见，"你觉得按照我的想法改动一下，是不是更完善一些？"

孟莹莹听了这番话，当场愣住了，她绝想不到主管会用这种态度同她对话，这种让步在以前是绝对没有过的。她实在想不出拒绝的理由，使十分爽快地说："我会按照你说的意思办，马上对工作方案做出修改。"两个人的较量就这样结束了，期间没有赌气，没有争吵，双方一直心平气和，周媛没有耗费多少唇舌，也没有提高讲话的分贝量，就轻轻松松达成了目的。老板见她们之间在工作上配合得如此默契，非常高兴，不由得叹道：“孟莹莹这匹烈马终于被你驯服了。”“我没有驯服她。真正的烈马是不能驯服的。你想让它服从自己，只有一个办法，那就是后退一步，放弃威胁恐吓以及各种令它排斥的手段，引导它前行。”周媛说。老板感叹说：“看来你比我更懂得跟特殊员工打交道啊。”周媛笑了笑，其实她觉得孟莹莹并不特殊，人的心理需求大同小异，满足了对方的心理需求，主动退一步，往往比气势汹汹地向前逼近更有效。

每个人在利益受到侵犯、尊严受到冒犯时，都会拼死抵抗，这就是你进一步别人必须也要进一步的根本原因。关键时刻，你若是能静下来，巧妙地以退为进，不去进一步威逼他人，为对方保留颜面，对方往往也会做出让步。

伸是一种本能，屈是一种韬略

俗话说："大丈夫能伸能屈。"伸是一种本能，人人都能做到，能屈是一种韬略，非大丈夫不能为也。静下来的人像弹簧一样，能伸缩自如，该伸的时候伸，该屈的时候屈，不曾为此矮过半截。不能冷静的人则如钢铁，经过火淬水激之后，延展成又细又长的刀剑，从此便失去了弹性，宁折不弯，遇到压力之后，往往会断成两截。可见只能伸不能屈，人生就会变成悲剧。

生命的孕育成长，是一个先屈后伸的过程，草木刚刚萌芽时，不会马上舒展开来，而会先屈卷着身子。动物在胎腹中发育时也是蜷曲着身子，人类亦然，任何一个胎儿在母体中生长时，全都屈曲着身子。成为独立的个体之后，我们仍然保留着原来的习惯，喜欢蜷曲着身体入睡，但却丧失了先屈后伸的能力，只想永远自如地舒展，不愿承受一点点委屈。屈是一种权宜之计，所有人都想活得顶天立地，谁愿意低着身子活呢？问题是，在倒霉落难的时候只伸不屈，往往要付出极高的代价。暂时的屈曲是为了更好地伸展，这就好比出拳一样，你只有先弯曲手臂，再伸手出击，才能挥出重拳。今日的委屈日后往往能转化成更大的能量。

王彦在公司破产以后，鬼使神差地进入了竞争对手的公司。老板怀疑他是来窃取商业机密的，没有对其委以重任，也没直接把他打发走，而是留他做了一名杂工，让他每天擦地板、倒垃圾、搬重物，为所有员工买盒饭，对其呼来喝去，想要借此好好羞辱他。换作别人，早就一走了之了。天下之大，此处不留人自有留人处，何必在这儿受窝囊气，到哪儿不能找到糊口的工作？

王彦却不这么想，尽管他知道老板是在有意刁难他，却并不想放弃，他觉得这种经历也算是一种磨砺，既然他已经由一个腰上万贯的企业家沦落成了任人使唤的小工，就必须快速接受现实，扮演好小工的角色，日后再慢慢寻找咸鱼翻身的机会。这份工作对他来说确实来之不易。作为商业的名人，他的破产经历已经成了最知名的反面教材，在这种情况下，他无论到哪家企业应聘，都不会顺利过关的。如今竞争对手的老板雇佣了他，给了他谋生的机会，他觉得自己应该好好珍惜。当然，老板录用他并非出自善意，而是出于一种看笑话的心态。

有一天王彦顺着走廊拖地板，被老板叫进了会议室。老板要求他当着全体员工的面说说自己的成败得失。“你们也许不知道什么叫成功，因为成功两个字不好定义。但失败的例子随处可见，王彦就是其中的一个。他原来被誉为商业史上的奇迹，可现在怎么样？沦落到这般田地，连普通人都不如。”老板感叹完了，便要求王彦发言。换作别人，一定会感到无地自容，这分明是一种变相的羞辱。王彦却很坦然，他神色自若地发表了个人感言，总结了失败的经验教训，态度非常诚恳，在场的员工并没有对他心生轻视，反而大为感动。话音刚落，会议室里就爆发了一阵雷鸣般的掌声。大家方才明白原来失败者也是有风采的。当有人提出这一观点时，老板没好气地说：“你说的很对，恒星死亡后还是会继续发光的，不过这依然掩盖不了它已经辉煌不再，步入死亡的事实。”

员工们都觉得老板讲话太刻薄了，很同情王彦的遭遇，也很欣赏他不卑不亢的态度，大家隐隐感觉到这样的人绝不会永远屈居在人下，早晚有一天会东山再起。果不其然，半年以后，由于公司高层判断失误，做出错误决策，致使企业面临重大危机，老板束手无策，有人建议启用王彦，理由是如今只有他有本事力挽狂澜，起初老板不同意：“他已经搞垮了自己创建的公司，难道还要让他搞垮我的公司吗？”后来他意识到不用王彦，公司支撑不了多久就会关门大吉。最后他顾不得那么多了，只好死马当活马医，被迫启用王彦。王彦果然不负众望，上任没多久便成功带领企业走出了困境，随后他进入了公司高层，成为老板的得力干将。一年之后，他成为分公司的主要负责人，得到了公司部分股权。若干年后，老板生了重病，需要长期在家疗养，被迫将公司交给他代管，在名义上他已经成了新任的老板。王彦作为一个商界传奇人物，再次活跃于各大场合，人们皆为他的逆袭经历称奇，他觉得这没什么，做人本来就应该能屈能伸，适时而屈是为了更好地伸展，人在落难的时候难免会受些委屈，如果连这点承受能力都没有，怕是永远都不可能翻身了。

韩信不忍胯下之辱，怕是成不了一名纵横捭阖的良将；勾践没有当过阶下囚，怕是成为不了一代霸主。屈的经历会促使你发奋发狠，成为连自己都害怕的厉害人物。当局势对自己万般不利的时候，先委屈一下又如何呢？马云不是说过，男人的胸怀是被委屈撑大的吗？很多名人在功成名就之后，都曾情绪激动地提及过以前受屈的经历，可见那种负面体验是多么刻骨铭心，时隔多年以后，依旧不能忘却，可是你知道吗？假如没有那样的经历，或许他们根本成为不了现在的自己。这说明委屈是可以成就人的，只有懂得适时而屈，才能伸展自如，活出更好的自己。

别把“鲁莽”当“勇敢”

不能冷静的人最大的特点就是个性鲁莽，所谓的鲁莽就是逞匹夫之勇，行事轻率，做事欠缺考量。生活中，很多人误把鲁莽当成勇敢，以为一味蛮干，不计代价地横冲直撞，就能闯出一片天地，不知道这样做的后果有多严重。

勇敢和鲁莽的区别在于，后者是出于一种本能的冲动，没有明确的方向感，心中没有畏惧，喜欢不顾后果地去做一些没有益处的事。前者有着清晰的目标，不盲目不慌乱，知道自己在做什么，知道该怎样应对严峻的挑战，会采用一些稳妥机智的办法处理危机，关键时刻能挺身而出，对于没有把握的事情，从不轻举妄动。

我们可以从一条鱼的遭遇来判断勇敢和鲁莽的差别。一条鱼为了寻找充足的食物，找到更适合生存繁衍的栖息地，长途跋涉、逆流而上，越过了浅滩和激流，一路躲避天敌水鸟和漫天撒下的渔网，历经千难万险，终于抵达了目的地——水的上游。可惜它还没有来得及雀跃欢呼，就被一股寒流冻僵了，瞬间变成了一条“冰鱼”。怎么评价这条鱼呢？它的行为又该如何定性？它曾经不惜一切、不畏艰险，冲破重重阻力，奔向心中向往的地方，可惜因为事先没有规划好，路线错误，不仅没有抵达食物丰富而又温暖的海洋，反而因为赶往寒冷的水域失去了生命。毫无疑问，这条鱼的行为是鲁莽的。

其实我们人类并不比这条可悲的鱼聪明多少，有时也会因为盲目的自负，犯下很多错误，酿成各种恶果。鲁莽的人过分相信自己的力量，过分相信自己的判断，喜欢一意孤行，一条道走到黑，往往会进入死胡同。勇敢则不然，人在深思熟虑后方能勇敢，勇敢既不是耍狠斗勇，也不是盲目逞强，更不是为了证明自己而率性妄为，它是一种沉着而又理智的行为，体现的是一种令人敬佩的可贵品质。我们不能把勇敢和鲁莽混淆，更不能用勇敢的外衣包装鲁莽的行为，而应该踏踏实实走好脚下的路，该出手时就出手，在关键时刻静下来，不退缩，绝不充当懦夫的角色。

赵羽是一个性情鲁莽的人，往往没有考虑好就开始盲目地行动。他觉得作为一个顶天立地的男人要想取得巨大成就，就不能婆婆妈妈. 有了想法就必须马上行动，绝不能让别人抢先。在一家餐饮企业干了两年之后，他被提拔为经理，被派往新城开发区开设分店。分店刚刚装修完毕，他便向员工们下达了目标，要求在一个月之内，分店营业额与市区餐厅的营业额持平，两个月内赶超市区餐厅的营业额，三个月内将营业额提升 20% 。

员工全觉得赵羽设定的目标不切实际，认为这样蛮干下去。很有可能给餐厅带来重大损失。一些老员工为了企业的长远发展着想，提出了反对意见，赵羽一怒之下，居然将他们全都辞退了，要求留下来的员工要无条件地服从自己的命令。由于对新市场一点都不了解，赵羽犯了很多低级的错误，他所带领的团队遇到了很多常人想象不到的困难。员工们都很泄气，赵羽却越挫越勇。他花高价雇佣了好几个来自五湖四海的顶级厨师，研制开发出了一系列新品工作餐，亲自带领手下的员工跑到写字楼逐门逐户地推销。

由于新品价格太高，大多数上班族都难以承受，所以新式菜品没有打开销路。赵羽认为可能是之前的定位有问题，于是就把目标客户群锁定在高收入的白领阶层，紧接着赵羽便带着员工风尘仆仆地前往高档写字楼做推销，一些白领抱着尝鲜的心态，购买了他们的菜品，不过并没有成为长期客户。多数人还是比较偏好家常菜，对于那些花样百出的新品并不感冒。其中一位白领说："你们的餐品虽然很有创意，但我们实在消受不起。我们平时很忙，工作压力又大，希望在用餐的时候，精神能完全放松下来，不能像品读诗篇或是欣赏音乐那样品尝创意餐品，这点还需你们理解。"

赵羽想或许应该把这些餐品推销给有钱有闲的富人，为了吸引目标顾客群，他又花了不少钱装修餐厅，升级里面的配套，将所有的餐具都换成镀银的，把餐厅布置得金碧辉煌，可是店里依旧冷冷清清，来消费的人始终不多。他这才知道在新城，大多数有钱有闲的富人都喜欢在家中用餐，偶尔会到外面吃饭，于是又雇佣了很多送餐员送餐。折腾了一段时间，销路依旧没打开，原因在于，餐品最初的定位是工作餐，不符合目标顾客群的口味。赵羽忙来忙去，花费无数，什么也没干成。老板很恼怒，二话不说就把他辞退了。

匹夫之勇不为勇，它是鲁莽的表现，只有头脑简单、四肢发达的人才会推崇这种血气之勇。静下来的人会选择三思而后行，在该奋勇向前的时候，一定会高歌猛进，在时机不适宜、条件不成熟或目标不明确时，绝不能肆意妄为，如此才能避免一些不必要的损失。

做人要圆融不要圆滑

我们常听人说应该圆融处世、方正做人。那么圆和方该怎么和谐统一呢？有人认为这是不可能做到的，所谓的外圆内方完全是个伪概念，人一旦变得圆滑了，就不可能是原来的自己了，方正的棱角将全部被抹去。其实并不是这样，圆融和圆滑是两码事，两者仅有一字之差，却有本质上的区别。

静下来的人圆融，不能冷静的人圆滑。前者懂得变通和包容，但却不失原则，后者市侩庸俗，没有原则，没有操守，一味地曲意逢迎，向别人献媚讨好。圆融的人虽然固守自我，却能发扬利他主义精神，能时时处处为他人着想，会适时收敛和隐藏自己的棱角，以免碰伤别人；圆滑的人表面上已经掌握了妥协的艺术，愿意事事遵从别人，实则极为自私自利，看人下菜碟投其所好，都是为了实现个人的目的。这类人是见风使舵的高手，随时都有可能改变立场，因为没有主心骨，普遍不能冷静，见到利益便会奋不顾身地扑过去，会做出很多伤害他人的事情。

圆融的人就像水，倒入方的水杯里是方的，倒入圆的水杯里是圆的，无论装到何种容器里，都不可能出现排异反应，所以能与不同脾气秉性的人相处得来。水利万物而不争，圆融者也是如此，他能给他人带来好处、实惠和舒心的感受，从不计较自己得到的多与少；圆滑的人像皮球，别人把它踢到哪里它就滚向哪里，谁力量大它就归顺谁，可以随时调转方向，被高高抛起时，极有可能砸伤无辜者，平时算来算去，不肯吃一点亏，与之打交道，吃亏被算计的总是别人。

杨怡认为如今这世道，方方正正的人已经不如八面玲珑的人吃香了，做人越圆滑越容易得势，没有必要死守原则，也不必过于正直。他不要求自己做一个三观正确的圣人，甚至不要求自己做一个堂堂正正的好人，觉得无论黑猫白猫抓到老鼠就是好猫，只要能快速成功就可以了，根本不必在乎采用了什么手段。他想人们只会对成功者顶礼膜拜，没有人会深究背后不光彩的历史。

杨怡非常擅长察言观色，知道见什么人该说什么话，嘴巴像抹蜜一样甜，清楚该怎么投其所好，凭借着过人的交际手段，他成功获得了上司的青睐，工作不到两年就被提拔为中层管理者。自从坐稳位置以后，他便开始欺上瞒下，利用各种手段压榨基层员工，剥夺对方应有的福利，最大限度地为自己争取利益，向上级汇报工作的时候，总是报喜不报忧，专挑好听的说，把大问题说成小问题，把没有达到的目标说成已经顺利完成了，措辞故意模糊化，给自己留下了很大的回旋空间，方便日后推卸责任，为自己辩白。

杨怡虽然做了不少损害别人利益的事，很多人对他恨之入骨，但大家都没有撕破脸，双方都在致力于维持良好的表面关系，谁也不想把那层窗户纸捅破。对于下属，他也不是一味地欺压，有时还会施加点小恩小惠笼络人心，不想把关系搞得太僵；对于上级，他也不是一味欺骗，偶尔也会有真情流露的时候。表面看来，杨怡确实做到了上下通吃，在与他人相安无事的情况下，从不同的人身上捞到了不同的好处。其实事情并没有那么简单。上司早就对他的谎话产生了怀疑，下属早就不想死心塌地地追随他了，公司上下都一致认为他是害群之马，都想把他驱逐出去。

后来上司想了一个主意，为其下达了一个新目标，采用激将法迫使杨怡立下了军令状，杨怡拍着胸脯说保证完成任务，要是做不到任由上级处置。到了月末，杨怡没有完成目标，上司以此为由，将他开除了。公司上下一片欢腾，大家莫不拍手称快，杨怡这才知道别人到底有多厌恶自己。

圆的可塑性很强，它灵活机动，可以巧妙地绕开障碍，避免与其他物体发生碰撞。圆融的人深谙此道，所以能在坚持原则的条件下，最大限度地避免冲突，既不伤害别人，又不扭曲自己，愿意和和气气地待人。而圆滑的人则不然，其本质是虚伪和丑恶的，他平时屏声敛气、八面讨好，都是为了实现某个不可告人的目的，对于这样的人我们必须警惕和提防。

在慨叹世风日下，人心不古之后，千万要静下来，不能舍弃圆融的处事之道，更不能向圆滑的人学习，要知道无论世道人心怎么改变，黑白都不可能完全颠倒过来，正所谓：“天若有情天亦老，人间正道是沧桑。”圆融正直的人，能得人和，无论历经多少坎坷，终能走出一条康庄大道，而圆滑卑劣的人，早晚有一天会失去人心，终有一天会为自己所做的事付出代价。我们看待问题不能只看眼前，从长远来看，做一个圆融的人一定要比做一个圆滑的人更明智。

深谙刚柔兼济之道

英国诗人西格里夫·萨松曾经用“心有猛虎，细嗅蔷薇”来形容人的双面性，后人由此联想到每个人心中都住着一只猛虎，故而皆有凶悍刚猛的一面，成就了性格中的刚毅之美，但只有刚劲的特征是不合时宜的，人必须有蔷薇花的温柔以及嗅闻花香的感性，才能成为一个完整的人，一个令人舒适的人。

但凡静下来的人，既有冷峻刚强的一面，又有温柔敦厚的一面，不同的人格特质得到升华以后，便造就出了一个更加和谐的自我。不能冷静的人，生猛如虎，不解花的温柔，不懂得人情冷暖，以为只要强硬到底、冷峻到底，就能让整个世界臣服于自己脚下。他忘记了人生不是战场，这个世界不是只有杀伐，只有竞争，只有冷酷的法则，残酷是这个世界的一部分，但不是全部。明智的人会像经营花园一样经营人生，像呵护花朵那样呵护自己的内心，善待这个世界，善待每一个人，在心灵花园里种满蔷薇，用心体味美好的点滴。

一个人若心中只有猛虎，就会蛮横、莽撞、冒失，心中仅存蔷薇，就显得柔弱不堪。像猛虎一样刚强，凛然不可侵犯，你方能所向披靡；心如钢铁，意志坚不可摧，却又不失温柔，懂得化百炼钢为绕指柔，深谙刚柔兼济之道，你才能做到内心和谐，才能与外界和平共处。西楚霸王项羽是只典型的猛虎，他倔强刚猛，武艺超群，一身英雄气概，因为缺乏蔷薇的柔韧，兵败之后，没有静下来，毅然选择了乌江自刎；后主李煜是朵典型的蔷薇，他多愁善感，郁郁寡欢，拥有艺术家的灵性和才气，却担不起君王的职责，抵御不了外界的风暴，最终在强风中摧折。即便如此，他心中亦住着一只猛虎，否则就不会被赵光义忌惮，引来杀身之祸。

人不能心中没有猛虎，因为某些时候，我们需要同残酷而不和谐的世界对抗，可心中不能只住着猛虎，因为那样做你会变得凶猛和富于侵略性，为众人所排斥，我们必须安置好心中的猛虎，同时用蔷薇的温柔化解身上的戾气，让自己变得柔和和温暖起来，如此才能让生命呈现出葱茏的面貌，活得潇洒而写意。

刘凌是一个很奇怪的人，脾气非常怪异，经常因为一点小事跟身边的人大动干戈。好友孙彦青劝他收敛一点，他很不服气地说："老虎不发威，他们还以为我是病猫呢？我不能让任何人觉得我软弱可欺，必须表现得比对方强硬。"孙彦青说："人与人、人与世界的关系是和谐不是对抗，你没有必要整天倒竖虎须。"刘凌说："世界的本质是对抗而不是和谐，在自然界里，一切生物都要与残酷的大自然对抗，还要与天敌对抗，要么成为掠食者，要么成为猎物。人类社会也是这样，我要是不够强悍，不够凶猛，就会沦为刀俎下的鱼肉。"

孙彦青说："在必要的时刻，你可以表现得更强悍一些，但不能一味强悍，生活不是战斗，周围的人不是你的敌人，你不能每天都向别人开炮。与所有人为敌，与天下为敌，每天生活在紧张的状态中，这样的生活真的是你想要的吗？"刘凌低下了头："当然不是。我又何尝想活得这么累呢？我这样做都是被情势所逼。"他深深叹了口气，讲述了过往的一段极其不愉快的经历。小时候他性格非常软弱，经常被小伙伴欺负，回到家里向爸爸哭诉，爸爸不但不同情他，反而鄙夷地说："你是个男孩子，怎么能这么没出息？受了欺负，居然还哭鼻子，简直就是只病猫。"

听了这番话，他深受刺激，从此性情大变，瞬间强横起来，此后谁也不敢欺负他了。参加工作以后，他变得更加易激怒，动辄向别人发威，如今所有的人见了他都绕着走，懒得同他争吵。孙彦青听完后说："你可以保持硬汉的一面，但个性不能太乖戾，尽量让自己温和一些，只要做到这点，你的生活就会大不一样。你要知道铁汉还有柔情的一面呢。”刘凌说：“我不是什么铁汉，只是一只受伤的老虎而已，或许仍然是原来的那只病猫。我现在觉得心很累，已经没办法继续强硬下去了。”终于有一天，他实在撑不下去了，开始主动与周围人和解，努力让自己温和友善一些，没想到那么容易就跟大家冰释前嫌了。解决了与外界的冲突，他的内心也和谐了，这才发现原来快乐是那么简单，只要别太生猛就可以了。

心中藏有猛虎，并不意味着冷硬刻薄，凶狠如虎，令人一见即不寒而栗，它指的是拥有坚毅的品性、不屈的性格、强悍不服输的作风，关键时刻能静下来，不肆意发威。心有猛虎，还要拥有细嗅蔷薇的儒雅，人不可戾气太重，对自己对他人对世界都要温柔一些，如此才能成为一个可亲可爱的人。

可以“意气风发”，不可“意气用事”

失败的原因有很多种，其中最为关键的一种就是不能冷静，头脑不够冷静，太过意气用事。所谓的意气用事指的是思想偏激、孤注一掷，做事缺乏理性的判断，控制不住自己的脾气，冲动之下做出不合常理的蠢事。心智不成熟的愣头青常犯这样的错误，性情刚烈、桀骜不驯的人经过磨砺，锋芒收敛以后，在头脑发热的情况下，也有可能抛开理智，肆无忌惮地任性一回，而真正能静下来，完全听从理性召唤的人，在现实生活中可谓是少之又少。

常言道，人非草木，孰能无情，归根结底，人是感情的动物，在大多数情况下，我们都会听从内心的声音，所以自然会感情用事。有时候跟着直觉走，往往会犯下很多难以弥补的错误。坦白来说，人类骨子里就有冒进的成分。

的确，一个人即使再冷静，也有失控的时候，谁都有感情用事的时候。运筹帷幄的战略家，有时内心起了波澜，也会做出错误的决策；精明强干的企业家，有时也会因为自身的偏好和偏见，做出排斥异己打压人才的举动；整天跟冰冷数字打交道的科学家，在面对广泛的质疑声和难以承受的压力时，也会歇斯底里。我们普通人没有头衔的束缚，没有身份的制约，更容易被冲动的情绪绑架。

生活中，因为意气用事而搞得满地狼藉的例子比比皆是。譬如在公司和同事发生了矛盾，立即放下工作吵吵嚷嚷，弄得满城风雨，不仅伤了和气，还影响了团队合作，给上司和老板留下了极坏的印象，由此错过了晋升的机会；再比如在公众场合，与陌生人发生了一点小小的摩擦，马上破口大骂，完全不顾忌自己的形象，这个场景要是被重要人物看在眼里，你可能失去一笔大单或者与一个不错的发展平台失之交臂；又如有了一点误会，本可以息事宁人，偏偏把事情闹大，最后自己反而吃了大亏。这些例子足以说明，在本该理性对待问题的时候，意气用事，最终受害的还是自己。

林峰和同事小王发生了口角，两人寸步不让，越吵越凶，最后闹到了主管那里，主管严厉批评了他们："你们知不知道客户催过我几次，还剩三天就到截止日期了，到时交不出像样的策划方案，让我怎么跟客户交代？都到了火烧眉毛的时候了，你们还有闲心吵架？你们俩的表现真是太让我失望了。"

事后，主管就像对林峰有成见似的，在平时的工作中总是故意找茬，不管林峰多么努力工作，他都不认可。林峰很郁闷，过了很长一段时间才弄清主管变脸的原因。原来因为上次他和小王吵架耽误了工作，迫使主管把上交策划案的截止日期延后了一天，客户很不满意，当场把主管狠狠地数落了一顿。主管每每想起都感到窝火，一上火就拿林峰撒气，从此再也没给过林峰一个好脸色。

林峰默默忍受了一段时间，最后决定另谋高就。他偷偷地在招聘网站上投递了好几份简历，没过多久就得到了回复。面试进行得很顺利，用人单位很爽快地告诉他，随时欢迎他来公司上班。第二天，林峰就向主管递交了辞职信，主管爽快地批复了。林峰本以为这下就能脱离苦海，找到另一根梧桐枝栖息了，没想到噩梦才刚刚开始。

主管一反常态地把公司的全体员工叫来，大方地请大家聚餐，说是为林峰饯行。席间，主管对林峰百般夸奖，还号召所有员工向他学习。小王不屑地撇了撇嘴，林峰也感觉浑身不自在。“放心吧，这又不是鸿门宴，你千万别多想，大家共事这么久．也算有缘分，今天我是诚心为你饯行的，祝你在另一家公司发展得更好。”主管如是说。

林峰多喝了几杯酒，微微有了几分醉意，趁着酒劲发泄似的指责道：“不是你把我逼走的吗？还祝我在另一家公司发展得更好，真是好笑。坦白来说，那家公司论规模、资历和待遇都比不上这里，我到那里其实是在走下坡路，不过我宁愿走下坡路。也不愿待在这里受气。”“你喝醉了。”主管不动声色地说。林峰的意识其实是清醒的，他知道自己失态了，略感尴尬，随便找了个借口便提前离场了。

等到他到新公司上班时，却被告知公司招募到了更合适的员工，不需要再招募新人了。林峰觉得很蹊跷，一再追问发生了什么事情，人力资源主管最后道出了实情：公司招聘新人会按照惯例，向上一家公司核实情况，他根据林峰提供的固定电话号码联系到了其所供职单位的部门主管。林峰留的是经理办公室的电话号码，他万万没想到接电话的会是部门主管，得知真相后，他后悔不迭，可惜一切都已经无法挽回了。

年轻人涉世不深，身上有很多锋利的棱角，有锐气有锋芒有脾气，很容易被意气相激，做出极端的事情来，将大好的前程葬送掉。生活告诉我们，做人做事永远都不要走极端，任何情况下都不能冲动任性，否则日后就会后悔莫及。

走得快不如走对路

生活中有一种奇怪的现象：有的人看起来懒懒散散，经常到海滨度假，惬意地享受日光浴，背后却拥有庞大的产业；有的人夜以继日地埋头苦干，吃苦耐劳的精神举世无双，终年劳碌不休，奋斗了十几年甚至几十年，依旧一事无成。这是为什么呢？你也许会说，这是因为命运不公，老天让好命的懒人比普通的勤劳者收获更多，其实不是。背后的原因很简单，走得快不如走对路，人如果走错了路，走得越快越迷失，劳碌一辈子也不会到达目的地。

人不能冷静，会看不清方向，一味地在错误的道路上狂奔，走得越久，奔跑的速度越快，洒下的汗水越多，损失越大。德国人把人分成四种，不同的人匹配不同的角色：懒惰的聪明人可当将帅；勤快的聪明人可当参谋；又懒又笨的，可当士卒；既愚蠢又勤快的，什么都干不了，只会坏事，最好被驱除出去。也就是说懒惰的聪明人和勤快的聪明人，都能在社会上找到自己的一席之地，因为他们不会做出错误的决定，不会走错路，不会去做劳而无功的蠢事；最差劲的莫过于愚蠢的勤劳者，从一开始就走错了方向，只知道急急忙忙赶时间，通宵达旦地傻干，不明白做这件事的意义是什么，也不知道未来将走向哪里。这样的勤劳不要也罢。

戴军在报考专业的时候，非常迷茫，不知道该选什么，听说 IT 行业很火，毕业后好就业且待遇不错，便报考了计算机专业。上了大学，他才发现自己不擅长编程，看 C 语言就像看天书，课程学起来无比吃力。

为了弄清程序中的逻辑，他花费了不少心思，耗费了大量课余时间钻研这门学问，每天累得头昏脑胀。寝室熄灯后，他便打着手电筒到外面的树下看书，一待就是两个钟头。

常年披星戴月地学习，并没有使戴军顿悟，对于编程，他只会死记硬背，根本参不透其中的奥秘，尽管考试能得高分，但一遇到新题就犯难了。毫无疑问，关于编程，灵感和悟性是非常重要的，靠死学是学不通的。每次同学对他的学习方法提出质疑的时候，他都会引用陶渊明的话说："好读书不求甚解。"想当然地认为，先把程序背下来再说，随着知识的累积，自己的理解能力慢慢增强，也许在不知不觉中就把那些难以理解的东西消化了。

大学毕业以后，戴军像其他同学一样，进入了IT行业。他的同学大都发展得顺风顺水，只有他磕磕绊绊，始终胜任不了编程工作。每次接到工作任务，他都要在私下里悄悄地翻看有关计算机程序的书籍。有时把书翻烂，也找不到答案。干了不到一个月，他就被公司辞退了。成了待业青年以后，戴军更加迷茫了。他不知道该何去何从，后来听说平面设计门槛低好就业，积累几年经验，照样能拿高薪，于是便蠢蠢欲动，赶忙报了一个培训班。

经过短暂的学习，他掌握了修图软件的操作，懂得了一般的构图理念，并在培训机构的推荐下，找到了一份有关设计的工作，糊里糊涂地进入了广告界。最初，他做的都是最基础的工作，待遇很低。他本以为晋升到设计师的级别，自己就能翻倍增值。没想到在广告界干了两年，工资涨幅并不大。他这才知道平面设计师的市场已经饱和了，只有顶级的设计师才能拿到高薪，其他从业人员由于人数众多，设计出来的东西没有独特性，待遇很难得到提升。

戴军再次感到迷茫，向朋友抱怨说："为什么我这么勤奋，却总是一无所获呢？我忙来忙去，始终是一场空，而别人轻轻松松就能达成目标，过上想要的生活，这真是太不公平了。"朋友说："我觉得你每次做事都太盲目了，还没有找准方向，就没命地奔跑，跑到终点才发现，一切都不是自己想要的。”戴军想了想说：“或许你说得对，IT 行业不适合我，平面设计也不适合我，我以前的努力全白费了。”

这是个用力过猛的时代，有的人忙着血拼，有的人忙着拼命，只有少数静下来的人，会时不时地停下来思考，思考奋斗的意义，思考脚下的道路究竟有没有偏离目标方向。故而走得慢的人，因为走对了路，实现了人生理想，而匆匆忙忙赶路的人，因为没有耐性查看路标，踏上了一条错误的道路，与理想的目的地渐行渐远。生活告诉我们，人生不怕走得慢，就怕走错路，举步之前，一定要静下来，看清方向，唯有如此，才能避免犯下南辕北辙的错误，不让自己的血汗白流。

第八章

静下来，不骄躁：品格比能力更重要

古希腊哲学家德谟克利特说："有教养的人的遗产，比那些无知的人的财富更有价值。"静下来，是一种教养，它跟循规蹈矩、墨守成规是两码事。能力和品格究竟哪个重要呢？有人认为是能力，因为没有能力，品格再高，也不能出头。其实品格比能力更重要。在社会上德才兼备、德艺双馨的人更受欢迎，如果两者不能并驾齐驱，人们宁愿退而求其次，选择能力略逊一筹、品格高、德行好的人，也不会选择能力出众人品奇差的人。

本分做人，踏实做事

人是一种功利和现实的高级动物，人们做事的动机大都与“功利”二字有关，得不到实惠和好处的事情，向来很少有人参与。利益是诱人的甜点，人人皆趋之若鹜，面对利益的诱惑能静下来的人，可谓是凤毛麟角。在学校里，对学分没有帮助的活动，响应者寥寥无几，可是一些乏味无趣且不具意义的事情一旦与奖学金挂钩，学生便乐于争先恐后地去做。当步入社会以后，我们更会像植物趋光一样趋向功利，无论择业就业，还是为人处世，都会以现实利益出发，变得越来越精于算计。

有关功利的一切都是很有诱惑力的，因为它披上了理想的外衣，在这个前提下，你的努力经过包装，被盖住了浮夸和世俗的色彩，一切都变得那么光鲜明丽，令人为之神往。然而现实是残酷的，一心渴望功成名就的你，未必能顺利脱颖而出，若是能力有限，又偏偏急功近利，就很有可能成为千军万马中倒下来的炮灰。

孙萌是一个非常有规划的人，刚刚入职，他就给自己制定了一个非常高远的目标，争取在两年之内晋升到年薪百万的金领阶层。他很庆幸，自己没有走任何弯路，直接进入了钱途看好的销售领域，这样只要业绩足够好，就能拿到高额提成，让收入水涨船高。他的同学大部分都成了普普通通的工薪族，薪资涨幅非常有限，即使奋斗一辈子，也赚不到一百万。

想到这里，孙萌很为自己的选择感到自豪，他想两年之后，他和同学的身份地位将拉开档次，到时他必定风光无限，所有的同学都将向他投来羡慕嫉妒恨的目光。孙萌并不是一个空想家，而是一个行动派。为了提升业绩，多签几份大单，他可谓是煞费苦心。他花费了大量的时间，通过各种途径摸清了客户的喜好和需求，然后投其所好，有计划有步骤地攻克对方的心理防线，然后看准时机，及时地递上订单，促成了一笔又一笔生意。有个客户有严重的胃病，四处求医无果，常年遭受病痛的折磨。孙萌听说了这件事情，到处托人打听治疗胃病的方法以及特效药，为客户提供了很多建议。客户很感动，主动跟他签了一笔大单，算是对他的答谢。

孙萌因为月末的这笔大单，业绩迅速蹿升，冲入了业绩榜单的前 10 名，被老板誉为半路杀出的一匹黑马，拿到了一笔丰厚的奖金。时间过得很快，一个月转瞬即逝，眼看到了月底，孙萌发现自己的业绩已经跌出了前 10 名的榜单，于是又央求患有胃病的顾客购买公司的产品，帮助自己冲业绩。那名顾客上个月已经花了大价钱购买了自己不需要的产品，这次无论如何都不肯再花冤枉钱了，孙萌遭到了直接拒绝，非常恼火，果断地摔了电话，挂电话前还说了很多难听的话。客户这才看清他的本来面目。

后来公司把业务拓展到了海外，孙萌为了谋求个人利益，答应优先给海外的经销商安排货源，把本该发给其他经销商的货物改发给了海外的经销商，从中捞到一些好处费，一次获利高达 7 万元，赚来的钱全部用在了吃喝玩乐的享受上。他想只要自己多联系一些出手阔绰的经销商，也许不到一年他就能实现年薪百万的梦想。由于私下里接连吃回扣，孙萌的腰包瞬间鼓了起来，他出手越来越大方，经常请同事吃饭喝酒，或者到高档娱乐场所消费。他的劣迹很快被公司主管发现了，当天就被开除了。孙萌失去了最佳发展平台，从此一蹶不振，成了一个彻头彻尾的失败者。

仔细观察你会发现，真正成大事者，在功利面前皆能静下来，他们并非圣人，也并非没有半点功利心，但对功利从来就没有那么狂热过，在某些时候，他们会主动让渡利益，做出一些牺牲，或者看淡功利，执着于眼前的事情，最终反而得到了更多的报偿。好莱坞导演詹姆斯·卡梅隆在筹拍经典大片《泰坦尼克号》时，为了获得超出预算的资金，自愿放弃报酬，结果拍出了全球最卖座的电影，一跃成了炙手可热的电影人物，所获得的全球分红是原来工资的无数倍。

华人首富李嘉诚在做塑料花生意时，美国的客户方由于厂家倒闭而违约，他完全可以要求中间商付出高额赔偿，然而他并没有那么做，随即将所有的货物出口转内销。中间商对其心怀感激，后来主动牵线，促成了他和美国豪商巨贾的合作。李嘉诚获得的资金比当年的赔偿金要高出无数倍。

可见不那么热心于功利，不那么工于算计，斤斤计较的人，反而更容易在功利的世界里分到更大的蛋糕。而赤裸裸的现实主义者，只想着利益、金钱，把事业当成谋利的手段，尚未付出就想获得高额回报，无论对谁都锱铢必较，所得的不过是蝇头小利罢了，永远都不可能得偿所愿。功利心可以成为鞭策人上进的动力，也可以变成一块跨不过去的绊脚石，有时你离功利越近，反而离成功越远，主动远离功利，本本分分做人，踏踏实实做事，面临大事静下来，反而更容易走向成功。

做人要厚道

在所有可贵的品质当中，厚道永远占有一席之地。诚恳、善良、宽容等美德皆与厚道有关。厚道之人，遇事静下来，不同于牙尖嘴利的刻薄之人，在别人蒙羞之际，迟迟不做置评，为的是保全他人的颜面。心中世事洞明，表面却极为愚憨，不该道破时不道破，为的是给别人一个补救的机会。

生活中，我们常听人说："做人要厚道"。那么何为厚道呢？厚道并不是糊里糊涂做人，没准则没界限，对什么事都睁一只眼闭一只眼，而是指在无关原则的事情上，要宽以待人，要用宽厚仁慈的态度对待他人，不会因为别人在无意中冒犯了自己，而做出伤害别人的事。厚道之人，最大的特点就是能够静下来，看到别人犯了错误，不讽刺不挖苦，愿意给人台阶下，公共场合不给人难堪，私下里不算计别人，也不说任何人的坏话。厚道的人宅心仁厚，不偏狭不过激，身上自有那么一股大家风范，始终给人以一种心平气和的感觉，让人觉得踏实可信，与之相处，有一种如沐春风之感。

如今，广受欢迎的并非是八面玲珑的聪明人，而是宅心仁厚的老实人。原因很简单，人太聪明，往往不能冷静，为了凸显自己的智慧，常会做出一些非常不厚道的事，无形中伤害了别人的自尊心，不知不觉便与人产生了芥蒂。

李国栋是一名建筑商，凭借着精明的商业头脑和干练的行事风格，摸爬滚打数年以后，终于在业界赢得了一席之地。30 岁那年，他的事业渐有起色，被同行广泛看好。有人断言，不出十年，李国栋就能成为建筑行业中的大鳄，然而事情与人们预料的完全不一样，两年后，李国栋不仅没能崭露头角，反而差点破产。所有与李国栋近距离接触过的人，都抱怨说他这个人太过刻薄不好相处，跟他合作简直就是活受罪，如果能找到下家绝不和这种人打交道。正是因为这个原因，李国栋错失了很多合作的机会，他的事业也陷入了低谷。

有一天他和开发商谈合同，发现对方的领带打歪了，忍不住上前一步为其正了正领带，语气颇为不悦地说："干我们这行的都相信一个真理，那就是细节出品质。我们判断事物判断人都是参照这个标准。我认为仪表不端正的人，不是理想的合作伙伴。你觉得呢？"开发商被教训得哑口无言，只好尴尬离场。

还有一次，他和建筑材料供应商谈生意，为了进一步压低价格，他直言不讳地指出："据我所知，贵公司的资金周转出现了严重问题，所以才急着将一大批材料脱手，若是不能及时变现，怕是连员工的工资都发不出来了吧。贵公司处在这种境地之中，还能有什么谈判的筹码呢？就按我说的价格交易，早点成交，早点解决燃眉之急。"他那种讥讽的语气惹恼了供应商，供应商毫不示弱地回敬道："我们公司近期的财务状况确实不太好，但也不像你形容得那么糟。我们提供的建筑材料，在市场上很受欢迎，现在有好几个建筑商有意购买我们的东西，这批材料随时可以变现。你提供的价格，我们实在难以接受。我想其他的材料供应商也不会接受的。"

李国栋冷笑着说："别以为瘦死的骆驼比马大。你们的情况我再了解不过了，说句不好听的，你们已经到了苟延残喘的地步，急需输血，现在还讨价还价是不合时宜的，聪明人都不会这么办事。""趁火打劫不叫聪明，恕我直言，李老板，你这么做太不厚道了，没有多少人会真心实意地愿意跟你做生意的。"供应商恼羞成怒地说。

"商场上讲什么厚道，厚待别人就是对自己刻薄。你不用再掩饰自己的不利处境了，既然我已经把那块遮羞布扯了下来，再掩饰也就没意思了。我提出的价格是不会更改的，你自己看着办。”李国栋笑笑说。供应商没有接受那个价格，他觉得自己被人狠狠地羞辱了，没有兴致再谈下去了，当场愤而离席。就这样，李国栋搞砸了一笔又一笔的生意，名声越来越差，乐于同他合作的人越来越少，慢慢地，他成了行业里最不受欢迎的人，他的事业受到了重创，从此一蹶不振。

刻薄待人，把别人逼得没有回旋余地，自己也有可能被逼得无路可退。凡事不可做尽，对人厚道一些，就是善待自己。少些苛责，少些争执，不虚伪不欺骗，不唯利是图，不做任何损人利己的事情，聪明但不机关算尽，懂得合作共赢，只有这样，人生的道路才能越走越宽。

厚道之人，不仅有豁达的心胸，而且懂得为他人着想，绝不会为了满足个人的欲望而肆意践踏他人的人格尊严或正当权益。厚道体现的是人性的光辉，是美德最好的注解，它像冬日的暖阳一让人身心俱暖，又像夏困的凉风一样让人倍感舒爽，故人人皆爱厚道之人，讨厌刻薄寡义之人，前者能换来“得道者多助”的美好结局，后者将陷入“失道者寡助”的困局。

静下来是一种教养

古希腊哲学家德谟克利特说：“有教养的人的遗产，比那些无知的人的财富更有价值。”的确，教养是人生最宝贵的精神资产，它比任何有价的财富都有价值。静下来，是一种教养，它跟循规蹈矩、墨守成规是两码事。有人把粗俗不堪的率性当成了个性，认为此举向别人展示了最真诚自己最真实的一面，突破了条条框框的限制，比包装出来的格调更值得推崇。其实不是，人不是在最原始的状态才最真最美，有时候原始和野蛮很难划清界限，进入文明社会以后，我们理应变得更有教养。

教养能反映出一个人的精神风貌，它跟礼貌、风度、友善等褒义词有着千丝万缕的联系，作为文明人，任何人都没有理由对其嗤之以鼻。大多数人都是透过教养来评判他人的，没有教养的人，即使取得的成就再大，也不会被高看。金钱不能买来教养，物品不能凸显教养，教养是一种内在的品质，它与任何有形有价的东西无关。生活中，我们常看到这样的场面：浑身上下都是品牌，开着豪车的人，在马路上横冲直撞；衣冠楚楚、昂首阔步的人，讲话无比粗俗，经常在公众场合与他人大声争吵。见到这种人，我们的第一反应，就是觉得他们太没素质没教养。可见教养不是包装出来的，也不是荷包撑起来的，它跟你拥有多少资产和多少银行存款无关，所以当你过上了所谓的光鲜生活以后，一定要静下来，要保持住自己的礼貌和素养，不要相信“有钱就是任性”的混账话。

人生最大的失败不是没有跻身于成功人士的行列，而是有了成功人士的身价，却丢了做人的教养，从此不知道尊重为何物。很多人在自己默默无闻时，懂得该怎么礼貌地对待别人，恪守基本的处事之道，表现得像个文明人，飞黄腾达以后则判若两人，霎时撕掉了文明的面具，开始为所欲为，似乎教养这种东西只是用来约束普通人的，而不是用来约束自己的。

教养的丢失比财富的流失更可怕，千金散尽还可以还复来，找回遗失的教养却没有那么容易。修炼内在，让自己表现得有教养，是一辈子的事。教养不是用完就弃的敲门砖，而是你生命的组成部分，它的存在，让你更完整，让你更美好。你可以没有成就，却不可以没有教养，有了成就没有教养，算不上真正的成功，而在功成名就之后依然能保持本色，才是最大的成功。

杨旭是一名普普通通的广告文案，刚入行的时候他什么都不懂，找不到灵感，只能写一些模式化套路化的东西。为了写出令人拍案叫绝的金句，杨旭费了不少心思，在朋友的推荐下，他加入了一个专业性很强的广告交流群，从资深广告人士那里学到了不少有用的东西。刚入群的时候，他很谦逊，姿态放得很低，管群里的每一个人都客客气气地叫前辈，等到自己小有成就之后，态度马上变了，无论前辈说什么他都不认同，动辄就对别人冷嘲热讽，要么说："你以前写出过一些漂亮的文案，有过几个成功案例，现在怎么不行了，难道是江郎才尽了吗？"要么说："你自己水平那么差，还来指导我，岂不是误人子弟？"

后来，杨旭又到同行的社区论坛上接连发帖，含沙射影地讽刺前辈，同行都觉得他很没有教养，此后再也不跟他讨论业务上的事情了。杨旭觉得从前辈们身上学不到什么东西了，再也没有闲工夫搭理他们了。自从写出了几篇有影响力的文案以后，杨旭俨然变了一个人，他不但对前辈不敬，对其他人的态度也越来越差。以前乘坐电梯，他总是规规矩矩地跟在别人身后，从不争抢，而今他觉得自己扬眉吐气了，立时趾高气扬起来，每次乘坐电梯，他都会抢先进入，着急的时候还会用力从背后推人，动作非常粗鲁。看到别人不悦，他丝毫没有歉意，还非常不客气地说：“从你穿的职业装判断，你就是个小职员吧。你一天能赚多少钱，有必要那么匆匆忙忙吗？时间对你们这些人来说并没有太大价值，反正你们也没有本事获得更大的收益，所以干吗不把电梯位让给真正的高效能人士呢？”

对方打量了一眼西装革履的杨旭，非常不屑地说：“像你这么没素质没教养的人，怎么可能是高效能人士呢？你这牛皮吹得也太大了吧。”杨旭得意扬扬地说：“你不妨到处打听打听，我在广告界是什么地位……”紧接着，他从兜里掏出一张名片递到小职员手上，并报出了近期拟写的成功文案，要求对方晚上守着电视机，好好欣赏一下自己的作品，了解一下什么才是真正的创意。

第二天杨旭和那名小职员又在电梯口相见了。杨旭自鸣得意地说：“上次忘了告诉你了，你用百度搜索一下，也能查到我的大名。”接着他开始吹嘘自己的薪酬以及昂贵的西装、高级面料的领带。小职员不耐烦地说：“我查过了，你在广告界确实算的上是一个人物，文案写得很有水平，我也相信你身价不菲，但是你这样的人一点也不值得钦佩，因为你欠缺教养，连贩夫走卒、引车卖浆之流都比不上，言谈举止就像一个没修养的大金牙，根本登不了大雅之堂，别人不会因为你成就高就高看你的。”话音刚落，电梯里响起了阵阵掌声，大家早就看不惯杨旭的推搡动作了，纷纷以实际行动来声援小职员。杨旭尴尬万分，羞得满脸通红，他真没有想到自己会以这种方式自取其辱，恨不得马上从人群中消失。

有人认为金钱、地位、学识，能使人更高贵，其实不尽然，富有的人如果没有教养，就成了土豪，知识渊博的人如果没教养，就成了文化流氓，唯教养能使人成为真正的精神贵族。《三个火枪手》中主人公达达尼昂与阿多斯、波尔多斯、阿拉米斯决斗之前频频施礼，体现的是一种教养；法国大革命时期，玛丽·安托瓦内特王后上断头台时，由于精神过度紧张，不小心踩到了刽子手的脚，礼貌地说了一声对不起，体现的是一种教养；各行各界的精英人士待人接物始终保持着谦和的态度，体现的也是一种教养。有教养的人，无论贫穷富贵，无论誉满全球还是籍籍无名，皆能静下来，能做到始终如一，这种精神是任何物质财富都无法比拟的。

不要把别人的难堪当成笑料

人既有审美心理，又有一种奇怪的审丑心理，故看到别人当众出丑，总忍不住幸灾乐祸，表现得非常不能冷静。比如听到某个表情严肃庄重、一贯一本正经的人打嗝，或者看到德高望重的大学教授在众目睽睽之下狼狈地摔倒，觉得这一幕非常具有喜剧效果，第一反应就是幸灾乐祸地哈哈大笑，把别人的难堪当成了十足的笑料，根本就不在乎对方的心理感受。

每个人都害怕当众出丑，因为那种在聚光灯下无处遁形的感觉非常不是滋味，可是看到别人由于疏忽大意出丑，不但没有表现出丝毫的同情，反而把别人的痛苦当成了自己的快乐，这是非常令人费解的。人们为什么要这么做呢？从心理学上讲，人在潜意识中有一种好比较的倾向，想要证明自己更聪明、更能干、更强大、更幸运，最直接的方式就是先证明他人是愚蠢的、可笑的、滑稽的、脆弱的、倒霉的，在别人的光辉形象倒下的一刹那，自己高大的形象就树立起来了。

自己被成全之后，那么受到嘲笑的人会怎样呢？心胸开阔的人，可能会一笑置之，但个性敏感、自尊心非常强的人无论时隔多久，都会心有余悸，脑海里会不停地回放那次负面事件，而你那尖锐的笑声则很有可能成为对方永久的梦魇，你极有可能成为对方最痛恨的人。如果在别人最难堪的时候，你没能静下来，肆无忌惮地大笑了一场，给别人的心灵造成了挥之不去的伤害，那么别人确实有一万个理由反感你、憎恶你。所以，做人还是宽厚一些为好，自己痛恨被嘲笑的感觉，就不要公然嘲笑任何人，在他人出丑的时候，为其保留一点颜面，事后见面时也不至于太尴尬。

周悦和小袁走下楼梯的时候，看到同事小牧脚下一滑，忽然摔倒在地，高跟鞋鞋跟当场断裂了，发出咔嚓的响声。小牧身材肥胖，挣扎了半天，也没能从光滑的地板上顺利站起来。小袁见状忍不住哈哈大笑起来，仿佛看到了天底下最好笑的滑稽剧一般。周悦不声不响地走了过去，将小牧扶了起来，关心地问："你没事吧，有没有受伤？"小牧红着脸低头道："没事。让你们见笑了。"周悦忙说："地板很滑，谁都有可能摔倒，这没什么，你别太难为情。放心吧，我不会把这件事说出去的。"

小牧真诚地向周悦道了谢，紧接着便把目光转向了小袁，小袁还在咯咯地笑个不停，见小牧紧张地盯着自己看，也打包票说："我也不会乱说的，我的嘴巴最严了，自己笑够了，也就算了，不会再把这种无聊的笑料讲给别人听了。"虽然两人均遵守诺言，没有再提过这一件事，小牧心里仍然很不舒服，每每想起小袁幸灾乐祸狂笑的样子，她就恨得牙痒。在日后的工作中，她教小袁做事总是有所保留，小袁因此失去了成长进步的机会。

小袁得罪小牧，学到的东西大打折扣，他仍然不思悔改，看到别人出丑，依旧幸灾乐祸。有一次公司开庆功宴，老板大张旗鼓地宴请全体员工吃大餐，大家都很高兴，吃得心满意足，玩得不亦乐乎。当日，老板多喝了几杯，手微微有些颤抖，夹菜的时候不小心把一口菜掉到了饭桌上，他想都没想，就在众目睽睽之下，把饭桌上的菜夹进口里吃了。员工们默然无声，只有小袁忍不住哈哈大笑起来，他第一次见老板从桌上捡菜吃，觉得这一幕简直滑天下之大稽，笑得差点背过气去。

听到这刺耳的笑声，老板惊得酒醒了大半，他这才意识到自己刚才失态了。事后，老板每每想起此事，他都觉得无地自容。这位老板乃穷苦出身，平时非常爱惜粮食，每次用餐都会把食物吃得干干净净，开庆功宴那天他不小心把菜抖落在了桌上，条件反射般地将其夹起来吃掉了，那完全是下意识的动作，本来觉得没什么，被小袁惊天地泣鬼神地一笑，不禁惊出了一身冷汗，他这才觉得自己当众丢脸了。此后，每每看到小袁，他都会想起那段不愉快的经历，为了忘记尴尬的往事，他随便找了个理由就把小袁辞退了。小袁直到被扫地出门，也没弄清自己究竟错在哪里。

生活中，我们常被告诫说："不要把自己的快乐建立在别人的痛苦之上。"可是从小到大，我们所接受的就是把自己的快乐建立在别人悲惨境遇之上的教育。比如师长教导我们要好好学习时，总不忘提及边远山区的穷苦孩子，通过强烈而鲜明的对比，鼓励我们上进，似乎别人的悲惨故事就是为了我们的幸福快乐而服务的，其实两者之间本来是没有关联的。

别人的尴尬、不堪或是悲惨际遇，应该成为我们生活中的笑料吗？它们真的具有娱乐功能和励志功能吗？答案当然是否定的。别人出丑遭殃，并不能让我们的形象更加高大，倘若我们幸灾乐祸，人格发生了扭曲，自己反倒是矮了半分。一个心怀善意的人，任何时候都不会幸灾乐祸地欣赏别人的窘迫，他们会不动声色地帮助对方掩饰尴尬，事后绝不提起，这是对对方的尊重，也是对自己的尊重。

不要触碰别人的逆鳞

生活中，常有人因为一句看似漫不经心的玩笑，与他人伤了和气，事后每每想来，百思不得其解，不明白别人为何如此小气，居然把一句无伤大雅的玩笑话当真，其实不是别人小气，而是当事人被触到了逆鳞。传说龙喉部以下约莫一尺的位置，长有月牙状倒生的白色鳞片，俗称逆鳞，谁若不小心触碰到了这个敏感地带，就会激怒真龙，引来杀身之祸。龙有逆鳞，人也一样，每个人身上都有敏感点和痛处，自己平时小心翼翼地呵护着、隐藏着，不敢触碰，若是被外人触碰到，自然怒不可遏。

但凡静下来的人，即便一眼看到了别人的逆鳞，也会装作视而不见，绝不会为了凸显自己的高明，冒险触碰逆鳞，更不会当众赤裸裸地将其揭露出来，以免让对方难堪。有的人像探索新大陆一眼寻找别人的逆鳞，背后交头接耳、指指点点，更有甚者当众去触碰他人的逆鳞，高调地验证以往的某个推断。这些做法都非常卑劣，只有肤浅自私的人才会有如此行径。善良的人绝不会这么做，他们会小心翼翼地避开对方的逆鳞，断不会以触碰别人的逆鳞为乐。

孙瑶从公司的新人里发现了一位跟自己年龄相仿的男士，对其格外关注。那个同事名叫裴胜，平时少言寡语，但并不高冷，脸上永远挂着暖心的微笑。有一天，孙瑶发现裴胜的脸上粘了一块块肉色的类似于创可贴的东西，非常好奇。她仔细观察了那种若有若无的东西，感觉非常有趣，忍不住问道：“你脸上粘的是什么？不细看几乎看不出来，是新型的化妆技术吗？”裴胜没有正面回答她的问题，随便搪塞了几句便走开了。

孙瑶不甘心放过这么有趣的话题，几步追了上去，纠缠着问：“快告诉我呀，你为什么往脸上粘胶布啊？”孙瑶平时说话嗓门就很大，心情一激动，嗓门更大了，她一喊，全体同事都听到了。同事纷纷放下手头的工作，奏到裴胜跟前去看，全都啧啧称奇：“这东西与肤色无限接近，不细瞧还真看不出来耶。”裴胜神色慌张地说：“没什么好稀奇的，大家赶快回到座位上工作吧，一会儿老板就来了。”同事们都很扫兴，唯有孙瑶兴致不减，逼迫裴胜说出实情：“你就别让大家伤脑筋乱猜了，直接告诉大家，这东西是做什么用的不就得了，干嘛吞吞吐吐、扭扭捏捏的，像个女孩子一样。”

裴胜说他脸上长了很大的痘痘，那一块块创可贴似的东西叫痘痘贴，颜色与肤色相近，专门用来修复痘痕的。孙瑶听完这个解释，忍不住笑起来：“没想到你像女孩子似的，那么在乎脸上的痘痘啊。不过话说回来，你都多大了，还长青春痘，真是不可思议。”这句话深深刺痛了裴胜的心，若干年前，也有一个女孩子说过类似的话，她是他的初恋。她比他大四岁，气质出众，身上有一股迷人的成熟风韵，他无可救药地爱上了她，买了100朵玫瑰花摆成她的名字，以一种非常浪漫的方式向她表白，然而她却不为所动，理由很简单，她不喜欢年龄比自己小的男生。他反驳说：年龄和心智是不成正比的，年龄小的男生，如果心理成熟，一样懂得什么叫爱与呵护，同样可以给心爱的女生带来安全感。她不相信这个结论，非常生硬地说，她不认为满脸长着青春痘的男生，能给她带来安全感。

裴胜被这句话刺伤了，因为青春痘，因为那抹摆脱不掉的青涩和稚气，他失恋了，从此以后，他非常痛恨脸上的青春痘。为了祛痘，他买了不少美容产品，那些产品在最初使用时效果显著，可是过不了多久便失效了，根本抑制不住他脸上层出不穷的痘痘。到了20岁，他仍然没有摆脱这个烦恼，后来他开始使用痘痘贴，没想到第一天使用这东西，就被孙瑶发现了，还搞得全体同事都知道了。

从来不发火的裴胜，因为被孙瑶触碰到了逆鳞，立时恼羞成怒："请你说话注意一些，这里是办公室，不是随意闲聊的菜市场。"孙瑶没理他，依旧嘻嘻地笑个不停。过了一会儿，老板进来了，裴胜禀报说，孙瑶带头在办公时间说笑，老板大怒，当场宣布扣发孙瑶的满勤奖，并振振有词地说："在上班时间不务正业，浪费时间闲谈说笑，比迟到早退更加令人难以容忍。"孙瑶不敢吭声，心里暗暗叫屈，从此开始讨厌裴胜。裴胜更加讨厌她，风波过后，两人关系越来越僵，几乎成了水火不容的对头。

逆鳞一词最早出现在《韩非子 · 说难》一文中，其文曰："夫龙之为虫也，可扰押而骑也。然其喉下有逆鳞径尺，人有撄之，则必杀人。人主亦有逆鳞，说之者能无撄人主之逆鳞，则几矣。"意思是龙喉咙下方长有倒生的鳞片，谁若是触碰了，就会被龙无情杀害。君主也有倒生的逆鳞，游说的人只要不碰这块逆鳞，就称得上是擅长游说了。其实普通人身上也都长有逆鳞，它可能带有某种隐秘性质，是一触即痛的伤口，人们不想提及，也不想让任何人指出。蓄意触碰别人的逆鳞，是对他人最大的不敬，一个人无论心胸多么宽广，性情多么温和，都不可能容忍这种行为，所以如果你不想与人结怨，就千万不要去触碰任何人的逆鳞。

“乱贴标签”容易造成误解

很多人都是地理决定论的忠实信奉者，热衷于根据地域特征给来自五湖四海的人贴上不同的标签，逢人便说：“上海人个个精明，而且很排外。”“四川人全都能吃辣。”“东北人千杯不醉。”“东莞是个灯红酒绿的花花世界，从那里走出的人背后都有很多说不清道不明的故事。”除了地域以外，人们还喜欢根据身份职业来划分人的种类，以醒目的标签来概括某类人的特征，比如管从事软件开发的男士叫 IT 男，提到这个名词，我们首先想到的是斯文、木讷、不懂浪漫等等特征，当然还有不菲的收入。再比如在溺爱中长大的女孩被称作孔雀女。提到这个名词，我们首先想到的是娇生惯养、公主病、以自我为中心等等负面的东西。又如管漂亮的女孩叫花瓶，似乎所有天生丽质的女子全都徒有其表，没有一点内在。

形形色色的人，被贴上了林林总总的标签，那么这种分类科学吗？当然不科学，我们深知这一点，那么为什么还那么喜欢给人贴标签呢？答案很简单，我们没有耐心，不能冷静，不愿意花费时间精力深入了解他人，只想像给物品归类一样将各种各样的人分门别类贴上标签，以便于辨认。其实我们心里很清楚，这种简单粗暴的归类，是对他人的一种极大的冒犯，但却依然乐此不疲。乱贴标签，让我们对他人的认识停留在浅尝辄止的层面，既容易造成误解，又不利于日常的沟通，更为糟糕的是，会给别人带来一种被歧视被侮辱的感觉。每个人都相信自己是独一无二的存在，谁也不喜欢被简单定义，更不喜欢被贴上标签，所以不要用标签来判断任何人，尊重每一个个体，下结论之前一定要静下来，在全面了解一个人之前不要妄下论断，以免给别人的名誉造成伤害。

吴经理相信一方水土养一方人，理所当然地把手底下的员工划分成了南方人和北方人两大类。小耿是个地地道道的南方人，平时讲话慢条斯理的，文静得像个女孩子，身上散发着一股闷骚的气息。吴经理认为，南方人的这种性格特质干不了大事，既缺少风风火火的架势，又不够大气，注定适合做配角。所以从来没想过要提拔小耿，平时交付给他的都是一些基础性的工作。

所有下属之中，吴经理最为看好的是小胡，小胡是一个典型的北方人，有想法有魄力，身上有一股杀伐决断的狠劲。吴经理一直把小胡当成重点栽培的对象，对他要求甚高，只要他出现一点状况，就会不留情面地狠狠批评。对待小耿，吴经理向来是和颜悦色的，因为他觉得南方人心眼小、没气量，话说重了势必会刺伤他的自尊心。小胡是个北方人，看起来大大咧咧的，一副满不在乎的样子，话说轻了怕是不会放在心上。吴经理根据南方人和北方人的不同特点来管理这两个下属，本以为这种管理模式不存在任何问题，后来才知道这种管理方法完全是错误的，小耿和小胡完全不是他想象中的样子。

小胡表面上粗枝大叶，像大部分北方人那样爽朗，感受力却非常细腻，他很在乎领导对自己的评价，自尊心很容易受挫。有一段时间，他因为家事心神不宁，报告迟交了两天，吴经理对此深为不满，把他说成了扶不起的阿斗。自从被贴上这个标签之后，小胡性情大变，工作期间，经常坐着发呆，渐渐发展成了抑郁症，最后不得不休长假回家休养。

失去了小胡这个左膀右臂，吴经理做事开始力不从心，他的时间和精力有限，不可能什么事情都亲力亲为。老板建议提拔小耿。吴经理不以为然地说："小耿是个闷骚男，成不了什么气候。"老板说："你根本就不了解小耿，他其实是个很有想法的员工，一直都很上进，只可惜你没给他机会。""好吧，那我就破例提拔小耿，不过我真不相信南方人能担当大任。”“你这是典型的地域偏见。谁说南方人做不了大事？不要这么早就下结论嘛。”

吴经理自重用小耿以后，完全颠覆了原来的认知。其实小耿是个很有魄力的小伙子，做事干净利落，一点也不比小胡差，他虽然讲话慢条斯理的，但工作起来效率颇高，身上也有一股雷厉风行的狠劲。事后，吴经理连连慨叹，由于对南方人的偏见，他差点埋没了人才。

标签是一种辨识度极高的东西，它片面地概括了某一群体的共性特征，忽略了个体的差异性，往往给人留下非常刻板的印象。如果你热衷于用标签概括他人，就会被偏见束缚住，对别人做出非常不公正的评价。人性是复杂的，从不同的角度不同的层面，我们往往能看到不同的内容。贴标签行为，在某种程度上是把人简单化和平面化了，所得出的结论往往是错误的。为了更好地认知这个世界，更客观全面地认识别人，我们必须撕下林林总总的标签，把每一个人当成有血有肉有思想有差异的鲜活个体，真心实意地了解他们，不轻易置评任何人。

弱者最需要的是尊重

善良的人骨子里都有一股悲天悯人的艺术家气质，会发自内心地怜悯弱者，乐于无私地为弱势群体提供切实的帮助，而沽名钓誉的人，大多喜欢居高临下地施舍，用泛滥的同情心粉饰自己的人格。长期以来，人们都存在着这样一种误解，以为弱者最需要的就是慷慨的帮助和不计报偿的施舍，其实不是，他们最需要的是尊重。

许多人看到弱者，马上不能冷静，不管别人的意愿如何，强迫对方接受施舍和同情，似乎行善是一种一厢情愿的事，别人不接受自己的好意，就是不识时务。殊不知居高临下的怜悯，乃是对弱者的侮辱。每个人都有自尊心，弱者也不例外。在你眼中，他（她）或许是个弱者，各方面的条件不能同你相提并论，但在他（她）心目中，他（她）是和你一样的人，一样可以依靠自己勤劳的双手来创造生活，根本不需要施舍。不要责怪别人不愿领受你的一片好心，别人也有别人的权利。一个人无论境况多么糟糕，都希望活得有尊严，渴望顶天立地地站着，而不是跪下来乞怜，这是一种非常正常的心态，你若真的拥有悲悯之心，就应该无条件地成全别人，绝不用别人的不幸装点自己的脸面，懂得尊重别人的选择，这才是最大的善意。

沙雁兵是一名品学兼优的大学生，成绩名列前茅，各方面表现都很出色，在校期间几乎年年拿奖学金。可惜那点奖学金相对昂贵的学费来说，真的不算什么，由于家境贫寒，他不得不向学校申请助学金。在助学金审批下来之前，当地有几位小有名气的企业家，为寒门学子捐助了一批冬衣，所有申请助学金的学生都自动成了受捐赠的对象。其实沙雁兵并不缺冬衣，他的棉衣是母亲亲手缝制的，厚实保暖．穿在身上非常合适，他穿着它不知度过了多少个寒冷的冬天。

沙雁兵被迫接受了那件多余的冬衣，令他万般没有想到的是，就是为了那件价值不超200元的冬衣，他的自尊心竟遭到了无情的蹂躏。学校为了表示对企业家的感谢，举办了大型“感恩的心”活动，要求所有的寒门学子登台高唱《感恩的心》，并参与相声小品等文艺节目，向台下的企业家致敬，还要眼含热泪发表感谢词。沙雁兵站在舞台上，觉得自己就像一件展品，或是一个道具，其作用仅仅是为了用来表彰某些企业家的善行，他不知道就这样被展出之后，同学们会怎样看待自己。台下的企业家个个春风满面，只捐赠了一点点物资，就挣足了面子，可谓是一笔非常划算的投资。

在台上，沙雁兵流下了泪水，不过那并不是感激的泪水，而是羞辱的泪水，他真不敢相信，为了区区200块钱的东西，他居然要忍受这么多例行程序。如果可以选择的话，他绝不会接受那件冬衣。寒来暑往，时间转眼过去了，很快到了夏天，暑假到来了。沙雁兵没有回老家，而是选择了在当地打工，他想凭借自己的劳力赚点生活费，以期帮助家里减轻一点经济负担。他来到了一家大型集团企业当小工，每天负责到库房里搬运杂物，月工资在一千元左右。尽管每天很累，但沙雁兵感到很知足，因为这笔钱是他靠辛勤的劳动换来的，而不是别人施舍给他的。

然而公司里的员工却看不下去了，纷纷指责老板："怎么能让大学生干这么重的活？直接捐点钱给他不就行了吗？公司效益这么好，理应回馈社会，做点慈善，为什么要剥削贫困大学生呢?"

后来大家才知道，公司根本就不缺搬运工，沙雁兵从事的劳动完全是没有意义的，老板之所以雇佣他，是为了让他在保留尊严的情况下赚点生活费。沙雁兵在得知真相后很感动，大学刚毕业就应聘到这家企业上班。其实有很多大老板都向他伸出了橄榄枝，包括那些捐赠了一件冬衣就强迫他公开亮相高调感恩的老板，他没有理会那些人，直接奔向了假期打工过的公司。老板曾经问过他："你是一个非常优秀的年轻人，听说好几家企业抢着要和你签约，你为什么选择了我们公司?"沙雁兵讲起了那次打工的经历，不无感慨地说："在我不名一文的时候，你给了我最宝贵的东西——尊重。"老板没有想到，自己的一个小小的善举，居然会给别人带来那么大的影响，他由衷地感到欣慰，愿意热情地敞开怀抱，欢迎沙雁兵加盟自己的公司。

我们习惯采用非黑即白的模式来判断人，认为这个世界就是二元对立的，美与丑、强与弱、富与穷、健康与残疾是泾渭分明的，丑陋的、贫穷的、孱弱的、残疾的群体天生低人一等，应该接受外界的同情和怜悯，其实不是这样，每个人身上都是有缺憾的，强者和弱者只是相对的，而不是绝对的，一个其貌不扬、没有资源、没有社会地位的普通人或是有着严重生理缺陷的残疾人，若是不屈从命运，心态上始终昂扬向上，活得有骨气有尊严，同样令人肃然起敬，我们并不比他们优越，没有资格居高临下地怜悯他们，应该平等地对待他们，用平视的眼光看待每一个人。

不要以为帮了别人就一定能换来别人的感激，如果得到你的帮助，必须要遭受人格的羞辱，那么没有人会觉得这种帮助在本质上是善意的，这种有偿的施舍不仅不会换来任何感动，还会引来仇怨和是非，所以在假意怜悯别人的时候，一定要静下来，三思而后行，以免日后麻烦上身。如果你真心想帮助别人，必须学会以平等的姿态帮人，不折损他人的尊严，这有这样，你的好心才能换来好报。

不要轻易责难别人

柴静在《看见》一书中这样写道："宽容的基础是理解，你理解吗？宽容不是道德，而是认识。唯有深刻地认识事物，才能对人和世界的复杂性了解和体谅，才有不轻易责难和赞美的思维习惯。"的确，很多时候，我们责难别人是因为不宽容、不体谅、不了解，在对一个人缺乏认识的时候，就轻易下了论断。

人是一种感性的动物，大部分时间是不能冷静的，因为我们的思想和行为经常受到情感的左右。基于个人的好恶，我们习惯了轻易评论和指责别人，懒得了解背后的真相，也没有兴趣理解我们不喜欢的人。其实这样做，对于别人是非常不公平不公正的。有些事情你没有亲身经历，便永远无法体会，永远无法感同身受。任何人做事都有他的动机和理由，你不知道背后的原因，就不能不分青红皂白地指责别人。在把愤怒的手指戳向别人之前，一定要静下来，让自己冷静一下，先了解一下事情的原委，给予对方辩白的机会，努力抛开一些主观的判断，还原事实真相，然后再作出公正合理的判断。

一位医生接到医院的电话以后，风尘仆仆地从外面赶到了医院，迅速换上了白大褂，准备为病危的患者实施紧急手术。患者的父亲见了医生之后，非常愤怒，忍不住指责道："你怎么现在才来，有你这么当医生的吗？难道你不知道我的儿子时刻都有生命危险，现在正在生死边缘挣扎，随时都有可能丧命吗？作为医生，你没有一点职业操守，没有一点责任心，真是太过分了。"

医生赶忙解释道："对不起，刚才我不在医院，接到紧急手术的电话马上就赶来了。你的心情我理解，别太激动了，先冷静一下。"这位父亲听了这套说辞，更生气了："现在都什么时候了，你居然还让我冷静？如果躺在手术台上的是你自己的儿子，你会怎么样？能冷静下来吗？如果你也遇上一个不称职的医生，又会怎么样？"

医生说："我会祝福他，为他祈祷，希望他能平安地从手术台上走下来。""只有漠视生命的人才会说出这种话。祈祷，祈祷有什么用？我儿子的生与死与运气无关，完全掌握在你的手上，他要是下不了手术台，责任在你，你明白吗？"患者的父亲恼怒地说。医生没有再说话，开始为男孩实施手术。时间一分一秒地过去了，男孩的父亲心忧如焚，仿佛随时都有可能精神崩溃。手术紧张地进行着，一切进行得很顺利，经过数小时的奋战，医生将生命垂危的男孩从死神手里抢了回来。他如释重负地走出手术室，高兴地对男孩的父亲说："谢天谢地，手术成功了，你的儿子已经脱离生命危险了，他得救了！"男孩的父亲激动得说不出话来。医生没等他答话，兀自转身离开了。临走前，只留下一句话："如果你有什么问题要问，直接问护士吧。我还有事，先走了。"

看着医生离去的背影，男孩的父亲忍不住抱怨道："他怎么这么性急呀？连几分钟时间都腾不出来吗？不能给我说说我儿子的具体情况吗？"护士听了这话，难过地流下了眼泪："你有所不知，他的儿子昨天出车祸死了。医院打电话让他赶来做紧急手术的时候，他正怀着悲恸的心情赶往殡仪馆。现在，他把你的儿子成功救活了，履行完了医生的职责，该去履行一个父亲的职责，赶去完成自己儿子的葬礼了。"

男孩的父亲万万没有想到事情的真相居然是这样，他原本以为医生渎职，不把患者的生命放在心上，不到最后一刻不肯出现在手术现场，连像样的准备工作都没做。现在他才知道事实和他想象得完全不一样，那位医生本来已经请了假，正在为去世的儿子安排身后事，接到电话后想都没想就赶了过来。男孩的父亲想象不到，那位医生是怎样克制住内心的悲恸，延迟儿子的葬礼，匆匆赶去救一个素不相识的人，这需要多大的定力呀。看到别人的儿子活了下来，自己的儿子却永远地离开了这个世界，心里该多么不是滋味啊。

男孩的父亲思来想去，感到非常后悔，事后他亲自登门向那位医生道了歉，医生说："这没什么，我也是一位父亲，我理解你的心情。"男孩的父亲说："也许我无法理解你的心情，无法感受你正承受着的悲恸，同为父亲，我为你感到遗憾，希望你能节哀顺变。除了表达歉意以外，我还要对你说声谢谢，感谢你救活了我的儿子，我代表我们全家由衷地感谢你。"

你看到现象很可能只是一个表象，你不知道它的背后隐藏着什么不为人知的事情。别人正经历着怎样的悲苦和磨难，生活里究竟发生了什么，你全然不知。在这种情况下，你是没有资格对别人品头论足的。不要轻易责难别人，不要轻易伤害任何人的感情，要学会体谅他人，以慈悲心和悲悯心对待他人，即便你心里并不喜欢他（她）。当你充分了解了人世的艰辛和生活的心酸以后，就会明白每个人活着其实都不容易，所以人与人不该互相为难，要彼此理解，彼此包容，尽量把温暖和光明带给别人，永远不要不假思索地指摘和伤害任何人。

学会悦纳自我包容别人

心理学上有这样一个理论：当你无法容忍一个人身上某个显著的缺点时，你自己也可能具有类似的缺点。你对他人的不良印象其实是对自我形象的投射。比如你是一个非常内向的人，平时沉默寡言，置身于茫茫人海，经常茫然四顾、不知所措，偶人发现有人比你还要沉默，你会莫名为其感到尴尬，甚至莫名排斥那个和你高度类似的人；再比如你是一个性情反复无常的人，脾气急躁火爆，有时表现得很狂躁，有时很懦弱，当你在另一个人身上发现了类似的弱点时，会莫名讨厌这个人，起因仅仅是因为他（她）跟你有着一样的特质。

当相同的缺点投射到别人身上时，往往会被放大上百倍，这就好比你脸上有一颗小小的黑痣，揽镜自顾时却发现它变成了一颗丑陋的大黑痣，面对此情此景，谁又能静下来呢？你不能冷静，是因为从别人身上，看到了自己不那么美好的一面，有一种如芒在背的感觉，潜意识里，你并不想承认自己的真实感受，所以才会迁怒于人。其实大可不必这样。别人并不是你的影子，也不是你的复制品，你不该把对自己的厌憎施加在别人身上。平时要学会反躬自省，正确对待自己的缺点，还要学会悦纳自我，包容别人，尽可能让自己少些暴戾之气，如此你才能拥有一个平和的心境，一个和谐融洽的人文氛围。

徐光非常讨厌办公室里的同事，有一天他向朋友抱怨说：“如果不是因为工作关系，非要在一起共事，我和他们真的会老死不相往来。”“不会吧，难道你们是极品冤家？不妨说说看，他们身上都有哪些毛病，怎么碍着你的眼了？”朋友用半开玩笑的语气问。徐光不假思索地说：“先说小侯吧，他这个人非常懦弱，无论做什么事自己都拿不定主意，事事依赖别人，就像一个没有主心骨的小孩子一样，和他共事特别累。”

朋友想了想说：“你身上好像也有类似的毛病吧。你平时不是也总是举棋不定吗？所以我才能时常扮演参谋的角色啊。其实我挺愿意为你出主意的，你凡事都想听听我的意见，是因为信任我，一直以来，我都是这样认为的。你和小侯相处不来，我觉得主要是因为你们两个都不喜欢自己拿主意，都想依赖对方，不能形成性格互补。”

徐光沉吟了一会儿说：“或许是这样吧。再说说小武，他是一个个性直率的人，平时大大咧咧的，哪壶不开提哪壶，真让人受不了。”朋友听完这番评价又笑了：“你似乎也是这样的人。你们俩应该谈得来才对呀，都属于敢爱敢恨、心直口快的类型，你为什么讨厌他呢？”徐光皱眉道：“他说话真的很难听，讲话不经过大脑，简直就是个弱智。我平时说话真的是这样吗？”朋友笑而不答。

徐光深深地叹了口气：“好吧好吧，就算我也是一个直来直去的人，但至少比他有分寸，情商和智商都要比他略高一点。再说说小谷吧，他是一个不折不扣的完美主义者，无论做什么事情，都要求尽善尽美，总想把风险降至最低，工作极为没效率，总拖大家后腿，不到最后一刻就拿不出像样的方案，跟他一起共事，都能把人急死。”朋友抿嘴笑了笑，还没开口，徐光便主动承认道:”我知道你想说什么。你是想说我和小谷也是同类人，对吧？我们俩是有一点类似之处，不过并非同道中人。我做事只要求百分之百的好，可他呢，要求百分之一百二十的好，我的工作效率比他要高很多，不像他不到万事俱备，坚决不肯动手干活。”

“看来，你们之间的关系正应了民间的那句老话‘不是一家人，不进一家门,。人都说物以类聚，你能遇到跟自己高度类似的人，本该觉得分外投缘才对，为什么莫名讨厌人家呢?”朋友不解地问。徐光说：“看到他们，我有一种被打脸的感觉。尽管我不愿承认，但却欺骗不了自己，他们身上的毛病我一样不少。以前我觉得它们都是一些微小的瑕疵，没什么要紧，可是投射到别人身上时，就会被无限放大。看到他们，我就莫名感到羞愧，你明白我的感受吗?”

“我明白。这就好比一个人长得不协调，不照镜子的时候，没发现自己有什么不好，有一天突然照了一下镜子，发现自己长得不美，还有一点丑，自尊心受到了打击，于是就责怪镜中的影像。”朋友解析道，“我觉得你不该对自己求全责备，每个人都有优点和缺点，你换个角度看自己，会发现一个全新的自我形象，换一个角度看别人，会得出一个截然不同的结论。等你处理好了自己跟自己的关系，基本上也就能处理好跟别人的关系了。”

徐光点点头说：“或许你说的对，但要做到这点又谈何容易啊?”

从别人身上看到自己的缺点，不必过于惊诧，也不必过于恼火，毕竟，人性有许多共通之处，人与人之间是有可能存在相似的弱点的，弱点没有版权纠纷，它不具备排他性，你有的弱点，别人也可以拥有，不要因为这个原因憎恶和讨厌别人。别人的存在，不是为了充当你的镜子，你恰巧从中看到了自己不那么光辉的一面，错不在别人身上，而在你自己身上，你没有理由去怪罪别人。

如果你一定要以他人为镜，不妨学学孔圣人的态度：“择其善者而从之，其不善者而改之”。努力学习别人身上的优点，把别人的缺点当成一种参照，如果自己也有相同的缺点，要加以改正。从这个角度来说，别人映射出你的缺点未必是一件坏事，它有助于你及时自省，不断完善自身，因此你不但不该怪罪与自己有着相同缺陷的人，还应该感激对方才是。

不要把罪责推给别人

俗话说得好："人非圣贤，孰能无过。"每个人都会犯错，但不是所有人都有勇气承认做错，人们做了错事或遭遇挫败的时候，普遍喜欢找替罪羊，以此来减轻内心的负罪感和失落感。这样的例子在生活中比比皆是：比如学生考试没考好，怪罪老师教育方法有问题；家庭主妇晚餐没做好，怪罪孩子站在旁边碍手碍脚；男人事业不成功，怪罪女人情感不独立，不能让自己安心在外面打拼；自己没把文件分门别类管理好，怪罪别人胡乱翻看，打乱了原有的顺序；不小心撞到了障碍物，责怪障碍物挡路，撞了自己……

以上种种表现都是巨婴心理在作怪。所谓的巨婴指的是长不大的成年人，他们拥有成年人的外貌和仪态，心理却像襁褓中的婴孩一样不成熟，不愿为自己的行为承担任何责任。没有人会要求一个婴儿静下心、静下来，为自己的所作所为负责，只要不高兴，他就可以尽情哭闹，让周围所有的人手忙脚乱。成年人犯了错之后不能冷静，不但不思悔改，反而急于把责任推到别人身上，多半是因为没有摆脱巨婴心理，内心深处还把自己当成需要呵护的婴儿。

不知你是否记得，蹒跚学步的孩提时代，不小心撞到了桌椅，碰伤了自己，非常委屈，第一反应就是举起小拳头猛砸桌椅，似乎那些不会移动的物品才是罪魁祸首，而自己则是无辜的受害者。小时候桌椅成了替罪羊，长大之后别人成了替罪羊。桌椅受了冤枉漠然无应，活生生的人却不可能平白受冤，面对你的无理指责，别人有权反击自卫。如果你不能成熟起来，总是企图让别人代自己受过，就会陷入到无休止的纷争之中。

范文飞总是感叹人生失意，整天牢骚满腹，要么责怪父母没能耐，不能给他提供优越的成长条件，要么怪女友太过物质，给他增添了太多的经济压力和精神压力，害得他不能游刃有余地掌控生活；要么怪老板太过急功近利，总逼他加班，使他身心俱疲，再也腾不出心力搞创意。

范文飞怨恨周围所有的人，觉得每个人都应该为自己失败的人生买单，而他自己没有做错任何事，不需要为过往的一切承担任何责任。他的这种态度激怒了很多人。有一天老板宣布全体员工留下来加班，务必在周五晚上赶出成型的提案。范文飞很不高兴地说："整天说我江郎才尽，脑袋不灵光了，这能怪我吗？把人当机器用，谁的精力不会榨干啊？"老板说："你的同事全都采用同样的工作模式工作，为什么别人的创意就层出不穷，而你什么都想不出来呢？问题明明出在你自己身上，整天怨天尤人，是不能解决任何问题的。"范文飞不服气地说："总之人才和人力是要区别对待的，你用管理人力的方式管理人才，就是不对。""人才也要为企业服务吧，所有人才的工作态度都像你一样，什么时候才能提交出成型的提案，难道要让竞争对手抢先吗？这个项目我们必须拿下，这是不容置疑的。你要是不愿留下来工作，那就主动退出吧，等到项目盈利了，你可千万别跑过来要求分一杯羹。"

范文飞无话可说了。他不得不承认自己的创意枯竭了，再也想不出什么新鲜的东西了，他不知道这一切是怎么发生的，心想也许是年纪大了、观念落伍了，跟不上时代的潮流了吧。他不愿承认这一点，把问题归咎到了工作模式不合理上。回到租住的公寓后，他感到分外郁闷，偏偏这时候女友又在催他上进，要求他早点全款买房，并暗示说只要有了固定的居所，两人就可以把婚事确定下来。范文飞一听，立即火冒三丈："你是想嫁给房子还是想嫁给我？整天在我耳边唠叨买房子，你知道给我造成多大的心理压力吗？我现在上班都静不下心来，一个新奇的点子都想不出来，今天刚被老板批评了一顿，你现在又给我气受，难道想把我逼到绝境吗？”

女友不解地说：“你想不出点子，被老板批评，难道是我的错吗？”“我的灵感全被你的唠叨声吓跑了。”范文飞理直气壮地说。“好吧，从今天开始我闭嘴，看你能不能想出好点子。”女友说到做到，她从此不再范文飞耳边唠叨了，可是范文飞依然没有捕捉到灵感。有一天，他趴在书案上冥思苦想，什么也想不出，父亲怕他累着，催促他早点休息，没想到他却借题发挥道：“我天生就是劳碌命，哪儿敢停下来休息？你要是也像别人的父亲那样有本事有能耐，我至于沦落到今天这个地步吗？”父亲一怔，不敢相信儿子居然能说出这样的话来，不由得暗暗伤心，父子之间从此有了裂痕。

古人云：“知错能改，善莫大焉。”犯了错不要紧，只要能知错改错，随时都可以亡羊补牢、将功补过。犯了错，把罪责推给别人，既不利于自己改过，又会加剧矛盾，这么做实在是百害而无一利。你要学会把目光从别人身上移开，从自己身上找问题，坦白认错，诚实地面对自己、面对他人，依靠自省的力量实现华丽的人格蜕变，彻底摆脱巨婴状态。